软装设计元素搭配手册

HOME FURNISHING
DESIGN
HANDBOOK

李江军 等编著

化学工业出版社
·北京·

参编人员名单

李江军　余盛伟　郦　平　徐雪珠　李　戈　许　莉　杨　波　裴　雪　张　健
王　建　屠　旋　吴　杰　杨晓军　郑文萍　施佳丽　马丽康　马青青　沈文奇
张金旺　徐开明　许连海　陈思远　余晓燕　毛建伟　汤玉霞　何国桥　陈丽辉
任小琴　张雪莲　殷余琴　高志良　朱喜安　马　松　张青桥　张　洁　谢良根
卓　杰　倪金靓　韩　晟　汪美仙　吴小惠　屠小丽　庄　莹　房大明　沈其山
赵红琴　林众清　甄美芳　王蔚蔚　余爱飞　俞霄霞　蒋志英　卜玲霞　胡梦园
支丽娜　张小平　张维格　周伟龙　刘开途　苏东东

图书在版编目（CIP）数据

软装设计元素搭配手册 / 李江军等编著 .—
北京：化学工业出版社，2017.10（2019.1重印）
ISBN 978-7-122-30554-1

Ⅰ. ①软… Ⅱ. ①李… Ⅲ. ①室内装饰设计-
手册 Ⅳ. ①TU238-62

中国版本图书馆 CIP 数据核字（2017）第 218600 号

责任编辑：林 俐　孙晓梅　　　装帧设计：宜家文化

出版发行：化学工业出版社（北京市东城区青年湖南街13号　邮政编码100011）
印　　装：北京瑞禾彩色印刷有限公司
880 mm×1092 mm　1/16　印张 21　字数 500千字　2019年1月北京第1版第2次印刷

购书咨询：010-64518888　　售后服务：010-64518899
网　　址：http：//www.cip.com.cn
凡购买本书，如有缺损质量问题，本社销售中心负责调换。

定价：138.00元

前言 Foreword

软装家具不仅是室内体量最大的软装配饰之一，也是实用的艺术品，与其他元素共同构成了软装配饰的内容。本书重点讲解了软装家具的功能和风格印象，以及软装布置的家具陈设法则，并且对每一类家具的功能尺寸和陈设要点都做了具体的解析。

灯饰是软装设计中不可或缺的内容，虽然看上去很小，但作用却很重要。现代软装设计中，出现了更多形式多样的灯饰造型，每个灯饰或具有雕塑感，或色彩缤纷，如何搭配合适的灯饰和照明方式，将影响到整体美感。本书不仅介绍了室内空间中常见的灯饰造型与材质，不同家居风格的灯饰搭配要点，并且非常详细地罗列出每一个家居功能空间的照明方案。

布艺是室内环境中除家具以外面积最大的软装配饰之一，它能柔化室内空间生硬的线条，在营造和美化居住环境上起着重要的作用。丰富多彩的布艺装饰为居室营造出或清新自然、或典雅华丽、或高调浪漫的格调，已经成为空间中不可缺少的部分。本书介绍了常见的布艺装饰纹样，并从窗帘、抱枕、布艺、地毯四大细节入手，让读者深入了解软装布艺的风格搭配与材质种类，而且对于不同家居功能空间的布艺设计都做了详细的讲解。

软装摆件包括花器与花艺、餐桌摆饰以及软装工艺品摆件等。花器与花艺数量虽少，却能点亮整个居住环境，还能为空间赋予勃勃生机；餐桌是一个彰显艺术的地方，把餐具、烛台、花艺、餐垫、桌旗、餐巾环等摆饰组合在一起，可以布置出不同寻常的餐桌艺术；软装工艺品摆件的风格多样，适当的摆设可以成为点睛之笔。本书针对这三块内容做了细致的讲解，让读者能够更加全面地认识摆件在室内空间中的搭配与布置要点。

软装壁饰形式多种多样，其中装饰画最为常见，它不仅填补了墙面的空白，更体现出居住者的品位；照片墙是由多个大小不一错落有序的相框悬挂在墙面上而组成，是最近几年比较流行的一种墙面装饰手法；镜面是每一个家居空间中不可或缺的软装元素之一，巧妙的镜面使用不仅能发挥应有的实用功能，更能够给室内装饰增加许多的灵动；墙面上放置挂钟是一个很好的方式，既可以起到装饰效果，又有看时间的实用功能；百变面孔的挂盘不仅可以让墙面活跃起来，还能表现居住者个性的品位；工艺品挂件是指利用实物及相关材料进行艺术加工和组合，不同材质与造型的工艺品挂件能给空间带来不一样的视觉感受。本书不仅介绍了软装壁饰的相关理论知识，更对如何利用壁饰布置和打造空间美感做了实用性的深入解析。

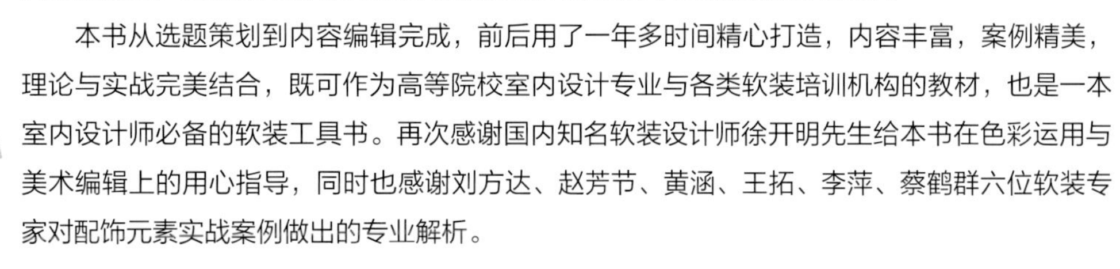

本书从选题策划到内容编辑完成，前后用了一年多时间精心打造，内容丰富，案例精美，理论与实战完美结合，既可作为高等院校室内设计专业与各类软装培训机构的教材，也是一本室内设计师必备的软装工具书。再次感谢国内知名软装设计师徐开明先生给本书在色彩运用与美术编辑上的用心指导，同时也感谢刘方达、赵芳节、黄涵、王拓、李萍、蔡鹤群六位软装专家对配饰元素实战案例做出的专业解析。

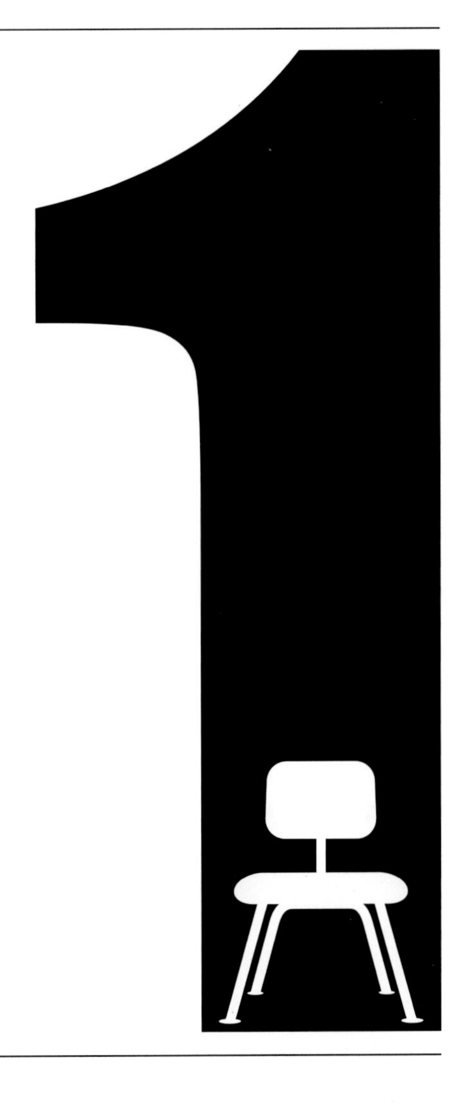

DECORATION BOOK

第一章
软装设计元素搭配入门
RUDIMENTS

○○○ 第一节

软装设计与软装元素的基础知识

Rudiments

软装设计发源于现代欧洲，又称为装饰艺术。它兴起于 20 世纪 20 年代。起源可以追溯到远古时代。那时，远古人类用兽皮、兽骨等装点居住的环境，而且随着季节的不同与居住环境的差异，会选择不同的装饰物，这就是最原始的软装。

一、软装设计和软装元素的概念

软装设计是指在硬装完成以后，利用家具、灯饰、挂件、摆件、布艺等饰品元素对家庭住宅或商业空间进行陈设与布置。作为可移动的装修，更能体现居住者的品位，是营造空间氛围的点睛之笔。随着“轻装修重装饰”的逐渐流行，软装设计是目前室内装修中必不可少的重要环节。

软装设计中用到的家具、灯饰、挂件、摆件、布艺等饰品被称为软装元素，又被叫作软装配饰。软装设计是的成功很大程度上取决于软装元素的搭配是否合理。如何根据不同的设计风格进行软装元素的搭配组合，需要设计师根据客户的生活习惯挑选家居产品，确定摆设位置，还需要核实尺寸。整套软装设计方案里面或许要涉及十几个产品商家，所以最好还是听取专业软装设计师的意见，如果居住者独自购买搭配，很难做到完整性。

▲ 一套成功的配饰方案需要设计师对数十个软装配饰产品进行精心整合

每年 4 月的米兰国际家具展是全球软装流行趋势的风向标

每年 4 月的米兰国际家具展是全球软装流行趋势的风向标

二、软装元素的内容

软装元素包括家具陈设、灯饰照明、墙面壁饰、装饰摆件、布艺搭配五大内容，每块内容又由许多细节构成。作为软装设计师，必须熟悉和了解这些软装元素的风格类型、功能使用以及材料工艺等，以便更好地驾驭它们，充分发挥它们自身的特点及作用。

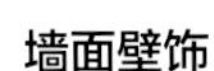

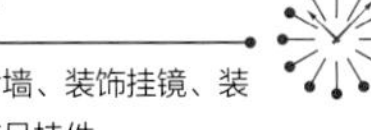

完整的软装场景布置

灯饰

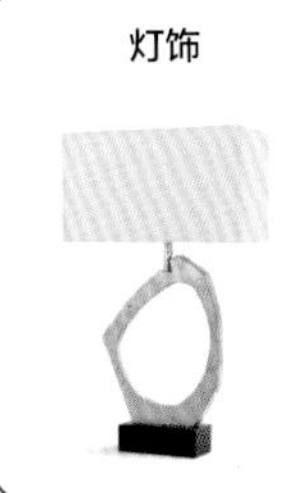

布艺

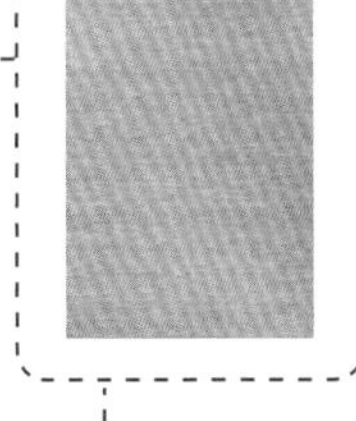

摆件

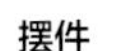

家具

壁饰

1. 家具陈设

家具既是室内重要陈设物，也是主要功能物品。因为家具是软装设计中面积最大的组成元素，所以往往根据其风格来塑造整体风格基调。家具大致可以分为支撑类家具、储藏类家具、装饰类家具，包括沙发类家具、床类家具、桌几类家具、柜类家具、椅凳类家具等。

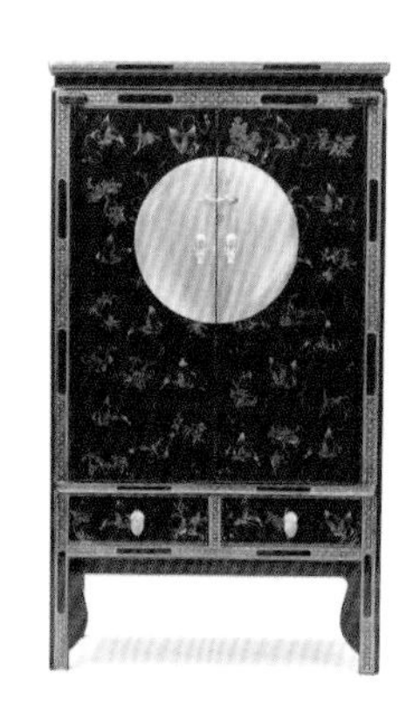

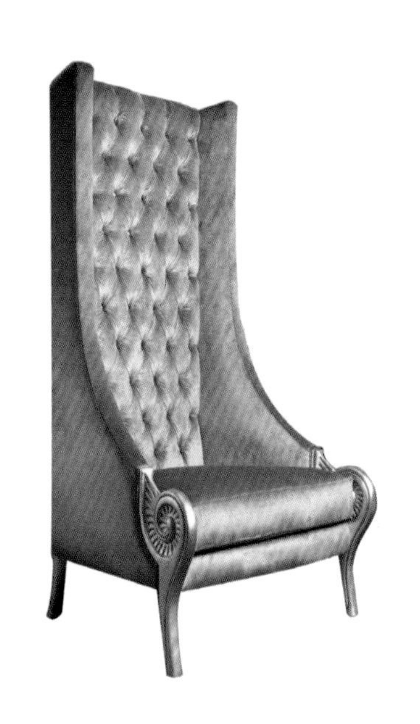

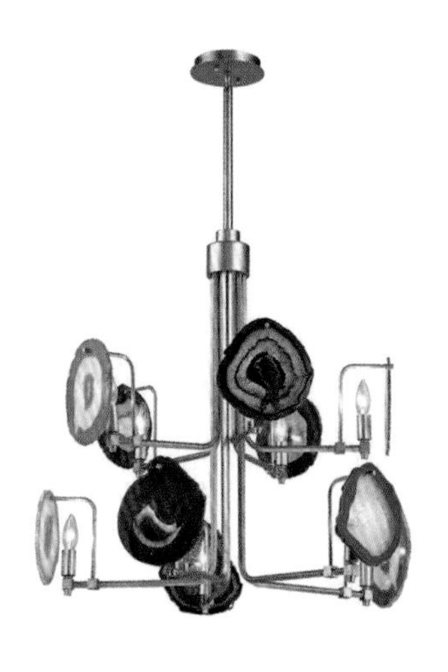

2. 灯饰照明

灯饰在室内环境中不仅起着照明的作用，同时还兼顾着渲染环境气氛和提升室内情调，往往一盏个性的灯饰能够塑造空间的视觉中心。常用灯饰包括悬吊式灯饰、吸顶式灯饰、附墙式灯饰、落地式灯饰、嵌入式灯饰、移动式灯饰、隐藏式灯饰等。

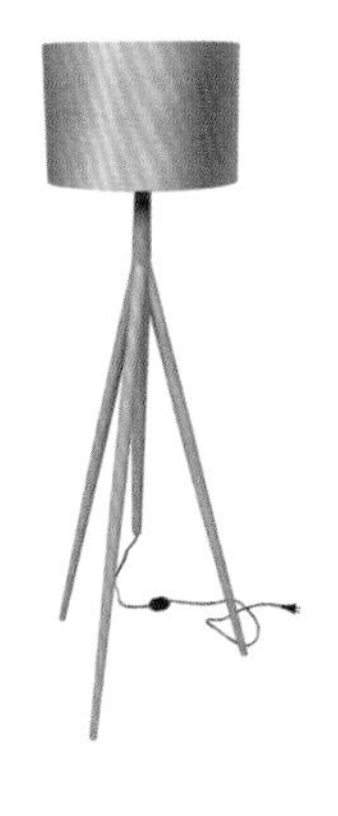

3. 墙面壁饰

墙面壁饰是软装设计的有机组成部分，它的出现给墙面增加一分艺术的美感，给室内带来一股灵动的气息，使得整个家居环境和谐美好。墙面壁饰通常包括装饰画、照片墙、挂镜、挂钟以及工艺品挂件等。

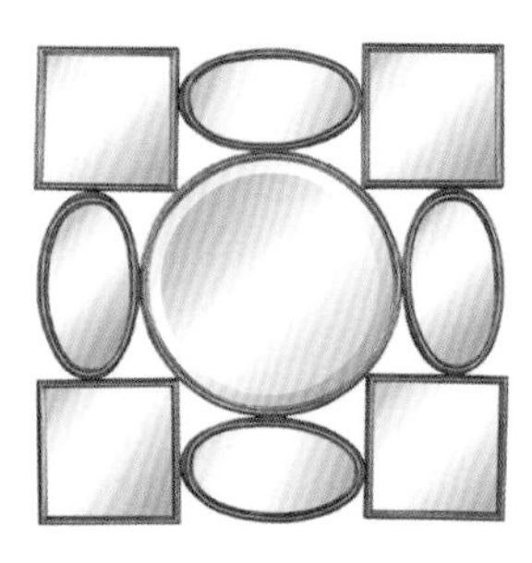

4. 装饰摆件

装饰摆件是软装配饰中最有个性和灵活性的元素，它不仅仅是家居中的一种摆设，更代表了主人的品位和时尚，给室内环境增添个性的美感。装饰摆件通常包括花器与花艺、餐桌摆饰、工艺品摆件等。

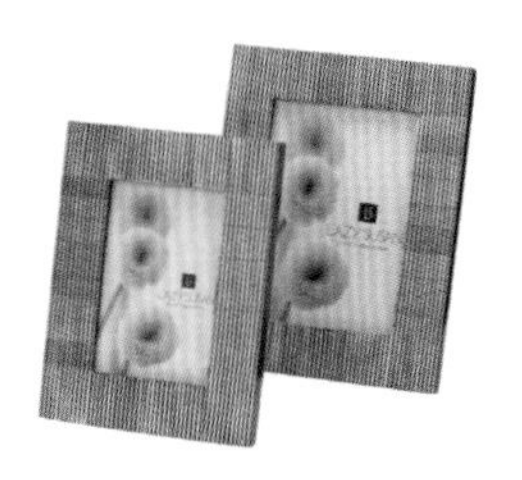

5. 布艺搭配

布艺是软装配饰中最为常用的元素，不仅作为单纯的功能性元素运用，更多的是调和室内的生硬与冰冷。丰富多彩的布艺图案可以为居室营造出或清新自然、或典雅华丽、或高调浪漫的格调，通常包含窗帘布艺、床品布艺、抱枕布艺、地毯布艺、桌布与桌旗布艺等。

三、软装元素的功能

现代意义上的“软装”已经不能和“硬装”分割开来，除了在施工上有前后之分，在应用上，两者都是为了丰富概念化的空间，满足室内的需求。

1. 定义整体风格

室内空间有着不同的风格，如现代风格、中式风格、乡村风格、欧式古典风格等，软装元素的选择对室内风格的形成起到很大的作用，因为饰品本身的造型、颜色、图案均有一定的风格特征：简约与时尚的饰品形成现代风格，庄重与优雅相融合的饰品形成中国传统风格，粗犷朴实的饰品创造出乡村风格，复古高贵气质的饰品形成欧洲古典风格等。不同的居住者对于软装饰的选择往往也大相径庭，从而形成多种多样的室内风格。

▲ 中式风格软装设计场景

▲ 欧式古典风格软装设计场景

▲ 乡村风格软装设计场景

▲ 现代风格软装设计场景

2. 美化室内空间

软装元素在室内的应用面积比较大，如墙面、地面、顶面等都是室内陈设的背景，这些大面积的软装元素如果在整体上保持统一，会对室内环境产生很大的影响。有些空间硬装效果一般，但布置完软装后，可以产生让人眼前一亮的美感。所以，只要把握好室内软装元素的搭配和风格的统一，就会给空间带来意想不到的装饰效果。

▲ 软装元素对于美化室内空间起到重要的作用

3. 节省装修费用

相对于做吊顶、砌墙来说，软装配饰简单、花费少、便于清洁，而且如果业主搬迁新居，就能带走之前购买的装饰物件，用于新家的陈设和布景，而装修所用的建材则无法搬动，所以现代家居设计提倡善用软装设计，花小钱做出大效果，而不是一味地侧重装修。

▲ 软装元素方便再次利用，可以很好地节省装修成本

4. 轻松更换新颜

灵活运用软装元素可以帮助业主随心所欲地改变居家环境，随时拥有一个全新风格的家。例如，根据心情或季节更换窗帘布艺或者床品；在客厅墙面上或者餐边柜上增加几幅符合家居风格的装饰画；在茶几或餐桌上隔一段时间更换花器与花艺，都可以给人带来耳目一新的装饰效果。

▲ 墙上加入一幅色彩鲜艳的抽象装饰画，立刻给这个过道空间带来活力感

5. 改善户型缺陷

利用软装元素可对房型缺陷起到良好的遮掩作用。如果觉得房间太小，可以选择浅色、冷色调的窗帘布艺进行装饰，这样能够创造一种宽敞舒适的视觉效果；如果房间太矮，可在狭窄的两端使用醒目的图案，也可以选择色彩强烈的竖条图案窗帘，增加空间视觉上的高度，缓解层高给人的压迫感。

▲ 利用墙面的竖条纹图案可以有效拉升层高较矮空间的视觉高度

○○○ 第二节

软装设计元素搭配的美学原则

Rudiments

软装设计可以为室内空间注入更多的文化内涵，增强环境中的意境美感。但是在实战操作中，想要淋漓尽致地表现出软装元素的点缀作用，仅凭软装设计师的经验是不够的，还需要遵循一定的原则。

一、软装设计元素搭配的重点

1. 做好整体设计

软装需要整体设计，它不等于各个功能空间软装元素的简单相加。软装的每一个区域、每一种饰品都是整体环境的有机组成部分。缺乏整体设计的软装陈设，从单个细节、局部效果看或许是不错的，但整体上往往难以融合。此外，整体化的软装设计，会在功能空间利用与单品最佳搭配上，达到专业化的效果，为使用者带来更高的居家生活质量。

▲ 软装配饰设计要注重整体的协调性

2. 明确设计重点

设计重点可以让人掌握方向和顺序，这个重点就是希望人一进入到家中就会注意的亮点，它应该是比较大胆和明显的。例如，选择一个大面窗户或是壁炉、大型艺术品等，从那里开始着手规划，让空间看起来是经过深思熟虑的，让人感觉有条有理，发散着和谐的氛围。当然，重点也许会不止一个，只要感觉舒适，都是可以被接受的。

▲ 别墅空间中以壁炉区域作为室内重点，由此展开整体的软装设计

3. 确定家具核心

家具在室内占地面积通常可达到 30% ~45%，是软装元素中最为重要的一部分。事实上，居家生活的每一个细节，都无不与家具有关。因而其中最主要的大件家具，如沙发、床、餐桌、书柜的风格特点、尺寸造型等也将决定整体装饰的基本调性。所以在选择软装配饰时，应先选家具，然后再选灯饰、布艺、各种挂件和摆件等，整体搭配协调。

▲ 在一个餐厅空间中，餐桌椅、餐边柜等家具是最为重要的核心

4. 突出主角

软装元素因材质类别、工艺复杂程度等不同，价格上显得千差万别。在保证所需质量和工艺水准的前提下，选购软装产品应以突出重点、最佳搭配为原则。例如客厅中最显眼的沙发，可以选择档次较高的产品，对提升空间品质具有很大的作用。而一些边柜或角几，只要搭配最合适，低成本、高性价比的产品也无妨。

▲ 注重主次之分，可把大件家具作为主角，其他小家具作为配角

5. 确定视觉中心

在居室装饰中，视觉中心是极其重要的，人的注意范围一定要有一个中心点，这样才能造成主次分明的层次美感。家居空间中的视觉中心通常是指进门后在视线范围内最引人注目的装饰品，可以是一个造型别致、色彩突出的家具，也可以是一盏灯饰或一幅挂画，或者是一面有纪念意义的照片墙。总之，视觉中心的确定，不仅能突出空间的主题风格，更便于掌握软装元素摆放的位置和搭配的条理性。

▲ 色彩艳丽的单人椅与书柜形成撞色，吸引人的视线

▲ 从顶面悬挂而下的球形灯饰成为室内空间的视觉中心

6. 掌握空间比例

根据摆放空间的大小、高度确定软装元素规格大小及高度，这一点直接关系到空间感受，必须在软装设计中予以重视。一般来说，摆放空间的大小、高度与软装元素的大小及高度成正比，否则会让人感觉过于拥挤或空旷，不但会破坏空间的整体协调感，还让软装元素失去了装点空间的作用。

▲ 平层公寓中，兼具展示与收纳功能的成品书柜最好不要超过 2.1 米的高度，否则容易给空间带来压抑感

7. 协调色彩搭配

软装元素的色彩搭配通常分为同类色搭配与对比色搭配两种方法。选用同类色搭配，由于通常只是在元素色彩的明度或纯度上加以变化，所以很容易取得协调和谐的视觉效果；利用对比色搭配就需要较高的技巧。在布置时要避免颜色杂乱，同一空间内颜色最好不要超过三种，尽量使用黑白灰进行调节，并注意调整各颜色之间的明度比例。

▲ 软装元素的同类色搭配

▲ 软装元素的对比色搭配

8. 巧用质感

质感是指物体表面的纹理特征，不同材料制作而成的软装元素有不同的质感，给人的视觉和触觉感受也会有很大差异。在软装设计中，利用元素的质感，根据空间表现需求进行合理搭配，可以打造出特定的氛围感受。例如在选择餐厅的软装元素时，可利用玻璃或陶瓷的质感，与餐桌椅之间形成软和硬、细腻与光滑的对比，营造出赏心悦目的就餐环境。

▲ 木材表面的天然节疤往往也能成为乡村风格家居的装饰元素之一

▲ 光滑通透的玻璃器皿与质感硬朗的实木餐桌形成反差，丰富空间的层次感

二、软装元素摆场流程

软装设计涉及的种类庞大而繁琐，做好方案只是迈出了第一步，只有通过后面的采购和摆场，才能成就一个完美的软装案例。摆场是将设计方案用实际物品呈现出来的过程。摆场的顺序有严格的要求，事先也要精心准备。摆场时更要关注元素与空间的关系，站在客户角度用心感受和体会，将元素在空间中更好地体现。

1. 采购顺序

软装元素种类繁多，为了避免采购混乱，在采购前要先按照软装的大种类，把所有涉及的物品分类，按照分类进行采购。正确的采购顺序是先购买家具，再购买灯饰、窗帘、地毯、床品，最后购买装饰画、花艺、摆件和挂件工艺品等。

因为家具制作工期较长，布艺、灯具次之，按顺序下单后，利用等待制作的时间去采购其他配饰，工作忙而不乱，有条不紊，以免出现合同即将到期，但家具尚未制作完成的尴尬局面。

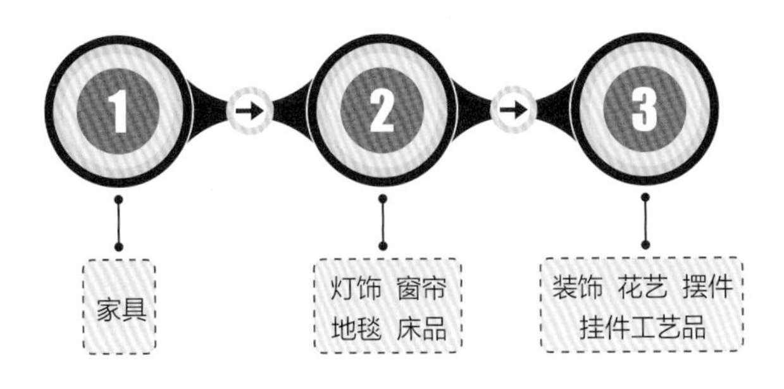

2. 摆场步骤

首先保护好摆场现场 ①

到了需要摆放和装饰的场地以后，进场前需要提前做好现场保护，比如手套、鞋套、保护地面的纸皮等，都需要提前准备好。因为硬装经过一个月或几个月的辛苦劳作才完成，所以搬运物品进出时一定要格外小心墙面、地面、门、楼道等。

安装灯饰和窗帘 ②

先把灯饰、窗帘挂上去，调试一下窗帘是否能拉合，灯饰的高度是否合适；如果房间的卫生还要进一步清洁，需要先把窗帘用大的塑料袋保护好。

摆设家具 ③

把床、床头柜、衣柜、沙发、餐桌、餐椅等大型家具摆放到设计稿中设定的位置。

摆设家具时一定要做到一步到位，特别是一些组装家具，过多的拆装会对家具造成一定的损坏。

挂装饰画 ④

家具摆好后，就可以确定挂画的准确位置了，这个顺序不能颠倒，因为如果没有摆好家具就挂画，很容易位置确定错误，而一旦修改就会对硬装部分造成一定的损坏。

摆设床品、抱枕、饰品、花艺等 ⑤

卧室中非常重要的软装元素就是床品，如果选择的材质和色彩都非常好，但摆设不好也是非常影响效果的。摆场时应该注意细节，把床品叠好拉直，棉芯均匀，抱枕饱满，这样最终的作品才会显得非常有生机、有朝气。

铺设地毯 ⑥

这里的地毯一般是指装饰毯，面积较小，根据家具的摆放位置做适当调整。如果是大面积全铺，则需要将地毯先铺好，然后将保护地毯的纸皮铺到上面，避免弄脏。

细微调整 ⑦

配饰部分根据实际情况摆设，只要效果好，位置是可以适当调整和互换的，但要注意整体的把控。

三、软装元素的陈设手法

软装元素的陈设手法多种多样，不同的设计师都有自己对软装的理解，采用各自独特的软装陈设手法，但是大多数陈设手法都会遵循相同的美学基础原理。

1. 均衡对称法

将软装元素利用均衡对称的形式进行布置，可以营造出协调和谐的装饰效果。如果旁边有大型家具，饰品排列的顺序应该由高到低陈列，以避免视觉上出现不协调感；如果保持两个饰品的重心一致，例如将两个样式相同的灯具并列，可以制造出韵律美感；如果在台面上摆放较多饰品，那么运用前小后大的摆放方法，就可以起到突出每个饰品特色且层次分明的视觉效果。

▲ 前小后大的排列方式显得层次分明且整体和谐，丰富空间的层次感

▲ 两个造型相同的台灯左右对称摆设，给人协调平衡的视觉感受

2. 同一主线法

相同空间的软元素通常都有着某种相似性将彼此联系起来，这种相似性可以是在颜色、材质、形状或主题上遵循同一条主线，在这个基础上展示各自的不同点，彼此互补，形成和而不同的组合关系，从而打造层次分明的视觉景象。

▲ 茶几支脚与画框具有相似的金属质感，从而很好地将空间联系成一个整体

▲ 一组摆件在颜色和材质上遵循同一条主线，形成紧密的组合关系

3. 情景呼应法

好的软装陈设有从不同角度看都和谐美丽的共同点，在选择一些小饰品时若是能考虑到呼应性，那么可能整个装饰效果会提升一大截。例如在餐厅中选择装饰画中的鲜花插制餐桌花，能让画作从平面跳脱到立体空间中，软装元素相互呼应，组成新的空间立体画。或者在选择杯子、花瓶、小雕塑时考虑与装饰画比较相似的风格或形状，虽是小细节，却能显示出主人的品位。

▲ 书桌上的鱼造型摆件与挂画图案巧妙形成情景呼应

4. 三角形构图法

软装元素的摆放讲求构图的完整性，有主次感、层次感、韵律感，同时注意与大环境的融洽。通常从正面观看时，元素组合所呈现的形状应该是三角形，这样显得稳定而有变化。三角形构图法主要通过对饰品的体积大小或尺寸高低进行排列组合，最终形成轻重相间及布置有序的三角形状，无论是正三角形还是斜边三角形，即使看上去不太正规也无所谓，只要在摆放时掌握好平衡关系即可。

▲ 三角构图法布置的摆件

▲ 更换了最左边的摆件之后，由于高度和中间的摆件接近，给人一种不稳定感，所以在左侧再添加一个高度较矮的小摆件，继续构成一组稳定的三角构图

▲ 运用三角形构图摆设软装元素时要注意主次感和层次感

▲ 软装元素按三角形形状摆设，可以给人稳定且平衡的视觉印象

5. 适度差异法

饰品的组合上有一定的内在联系，形体上要有变化，既对比又协调，物体应有高低、大小、长短、方圆的区别，过分相似的形体放在一起显得单调，但过分悬殊的比例看起来不够协调。

▲ 一高一矮两个几案在色彩和造型上具有协调感，同时又在大小比例上形成适度变化

▲ 同样造型的花瓶并排摆放会显得过于呆板，在大小与高度上形成适当差异显得十分灵动

6. 亮色点睛法

整个硬装的色调比较素雅或者比较深沉的时候，在软装上可以考虑用亮一点的颜色来提亮整个空间。例如硬装和软装是黑白灰的搭配，可以选择一两件色彩比较艳丽的单品来活跃氛围，这样会带给人愉悦的感受。

▲ 起到点睛作用的单品色彩通常具有醒目、跳跃的特点，如高饱和度的柠檬黄

▲ 黑白灰空间中出现高纯度色彩的软装细节，瞬间增加空间的活力

7. 兴趣引导法

这种布置手法通常应用在儿童房，利用孩子的兴趣爱好为导向。例如男孩喜欢大海，那么就可以采用轮船为主题的设计手法，选择卡通轮船造型的睡床作为儿童房中的主角。同样的处理手法，可以应用在各种不同的儿童生活空间。

▲ 利用孩子的兴趣爱好，采用轮船造型的睡床作为空间的主角

▲ 滑板造型壁饰与床上的护手、护膝以及头盔形成富有趣味的场景呼应

8. 灯光烘托法

摆放软装饰品时要考虑灯光的效果。不同的灯光和不同的照射方向，会让饰品显示出不同的美感。一般暖色的灯光会有柔美温馨的感觉，搭配贝壳或者树脂材质的饰品就比较适合；如果是水晶或者玻璃材质的饰品，最好选择冷色的灯光，这样会看起来更加透亮。

▲ 见光不见灯的重点式照明特别适用于衬托摆设在展示柜上的饰品

▲ 树脂类饰品在暖色灯光的辉映下给人以柔美温馨的感觉

DECORATION BOOK

第二章
软装家具陈设
FURNITURE

○○○ 第一节

软装家具风格印象

Furniture

家具的风格是通过家具的色彩、造型、质感等反映出来的总特征，或典雅古朴，或端庄大方，或奇特新颖。随着新材料、新工艺的不断涌现，家具的新风格也相应地不断形成。虽然家具风格不断地变化，但家具所体现出来的本质上的感觉却很难改变。

一、中式风格家具

传统古典中式风格家具以明清家具为代表。明清两代是我国家具工艺发展的顶峰，现在的新仿品也大都参照这些样式。明式家具的质朴典雅、清式家具的精雕细琢，都达到了很高的艺术高度，包含了中国人的哲学思想、处世之道。明清家具最显著的特征就是万字纹和回形纹，在家具脚的处理上多采用马蹄形。

而现代中式家具将传统中式家具的意境和精神象征保留，摒弃了传统中式家具的繁复雕花和纹路，多以线条简练的仿明式家具为主，但同时会引用一些经典的古典家具，如条案、靠背椅、罗汉床等，有时也会加入陶瓷鼓凳的装饰，实用的同时起到点睛作用。

传统中式风格家具

新中式风格家具

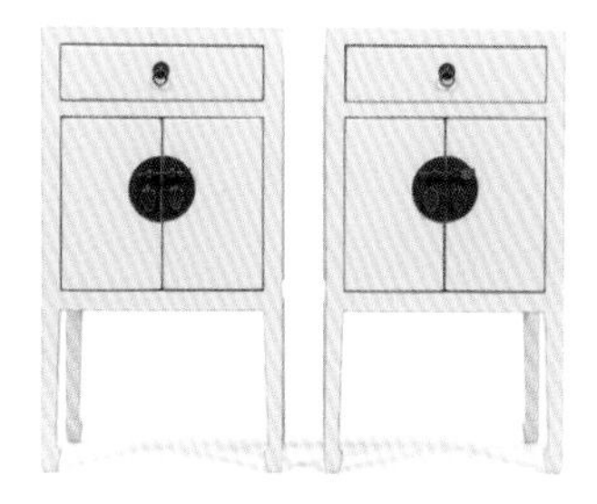

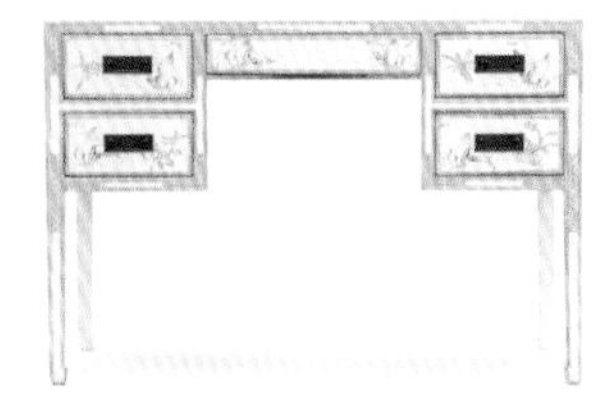

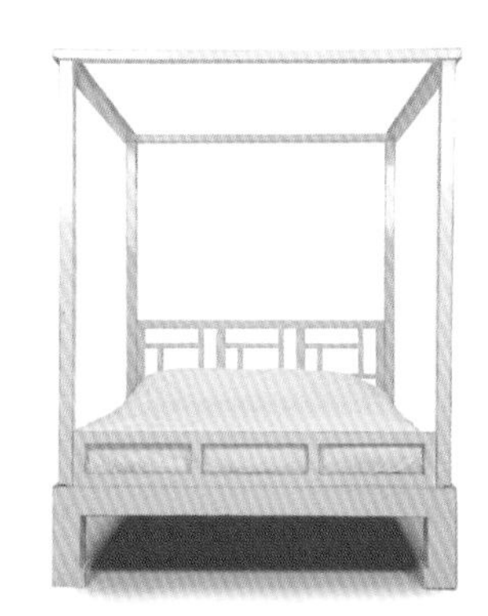

▲ 传统古典中式风格家具独具端庄清雅的东方神韵

▲ 新中式风格家具将传统家具的典雅与现代家具的时尚元素相结合

二、欧洲古典风格家具

欧式古典家具是指欧洲中世纪至十九世纪中叶这段时期的家具，以复古、花纹、质感为主要特点，它追求华丽、高雅的古典，其设计风格直接受欧洲建筑、文学、绘画甚至音乐艺术的影响，其中包括巴洛克式家具和洛可可式家具两种类型。巴洛克家具利用多变的曲面，采用花样繁多的装饰，做大面积的雕刻，或者是金箔贴面、描金涂漆处理，显得金碧辉煌，并在坐卧类家具上大量应用面料包覆，表达热情浪漫的艺术效果。

巴洛克风格家具

▲ 巴洛克风格家具有复杂而精美的雕刻花纹，色彩强烈，多用镀金来装饰

洛可可家具的特点是在巴洛克家具的基础上进一步将优美的艺术造型与功能的舒适效果巧妙地结合在一起，通常以优美的曲线框架配以织锦缎，并用珍木贴片、表面镀金装饰，使得这时期的家具不仅在视觉上形成极端华贵的整体感觉，而且在实用和装饰效果的配合上也达到了空前完美的程度。

洛可可风格家具

▲ 洛可可风格家具虽然也很注重雕工，但线条和色彩较为柔和一些，米黄、白色的花纹是其主色

三、美式乡村风格家具

美式乡村风格家居，是美国西部乡村的生活方式演变到今日的一种形式。在这种风格的空间中，往往会使用大量让人感觉笨重且深颜色的实木家具，风格偏向古典欧式。家具表面通常特意保留成长过程中的树瘤与蛀孔，并以手工作旧制造岁月的痕迹。美式乡村风格的沙发材质可以是布艺的，也可以是纯皮的，还可以两者结合，地道的美式纯皮沙发往往会用到铆钉工艺。此外，四柱床、五斗柜也都是经常用到的。

传统的美式家具为了顺应美国居家大空间与讲究舒适的特点，尺寸比较大，但是实用性非常强，可加长或拆成几张小桌子的大餐台很普遍。如果居室面积不够宽裕，建议还是选择经过改良、化繁为简或定制的现代美式家具，以符合实际空间的使用比例，达到完美的协调效果。

▲ 传统美式风格家具通常显得十分厚重

▲ 现代美式家具在传统美式家具的基础上做了简化

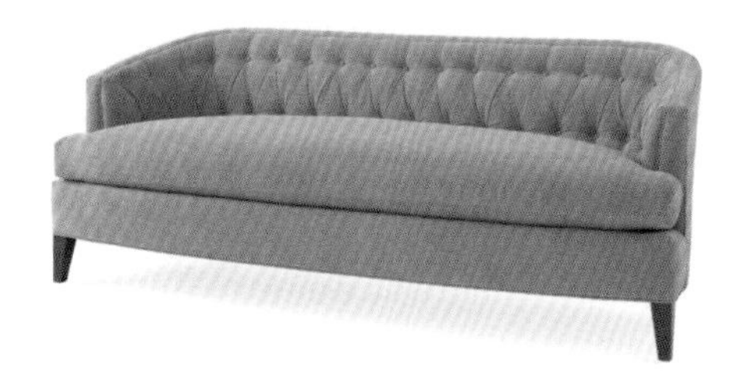

四、现代简约风格家具

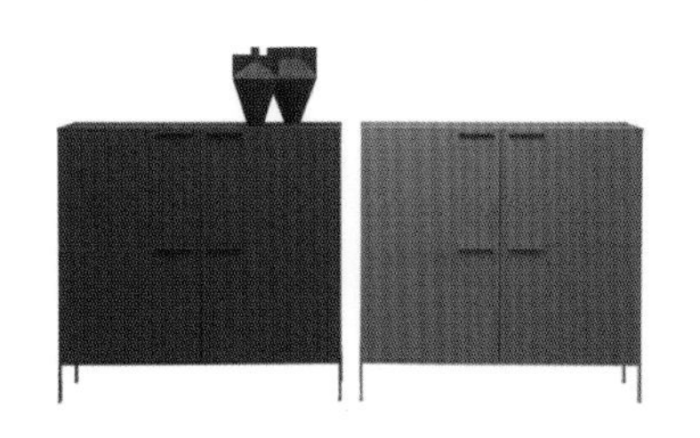

现代简约风格的家具通常线条简单，沙发、床、桌子一般都为直线，不带太多曲线，造型简洁，强调功能，富含设计感。在材质方面会大量使用钢化玻璃、不锈钢等新型材料作为辅料，这也是现代风格家具的装饰手法。

由于现代简约风格家具元素少，所以需要其他软装元素一起配合才能更显美感，例如沙发需要靠垫、餐桌需要桌布、床需要窗帘和床品陪衬。

▲ 黑白色的直线条家具常用于现代简约风格空间

五、工业风格家具

工业风的空间对家具的包容度很高，可以直接选择金属、皮质、铆钉等工业风家具，或者现代简约的家具也可以。例如选择皮质沙发，搭配海军风的木箱子、航海风的橱柜、Tolix 椅子等。工业风格的桌几常使用回收旧木或是金属铁件，质感上较为粗犷；茶几或边几在挑选上应与沙发材质有所连接，例如木架沙发，可搭配木质、木搭玻璃、木搭铁件茶几或旧木箱；皮革沙发通常有金属脚的结构，可选择金属搭玻璃、金属搭木质、金属搭大理石等。工业风空间的餐桌最常出现实木或拼木桌板配铁制桌脚，但切记桌脚的造型要跟空间中主要的线条相互配合，才不至于产生不协调的突兀感。

▲ 工业风格家具经常加入自来水管造型的金属铁件

六、北欧风格家具

北欧风格家具以浅淡、干净的色彩为主，常选用桦木、枫木、橡木、松木等不作精加工的木料，尽量不破坏原本的质感，将与生俱来的木质纹理、温润色泽和细腻质感注入家具。

北欧家具的造型尺寸以低矮为主，将各种符合实际的功能融入简单的造型之中，从人体工程学角度进行考量与设计，强调家具与人体接触的曲线准确吻合，使用起来更加舒服。

▲ 北欧风格家具以清新自然的浅原木色为主

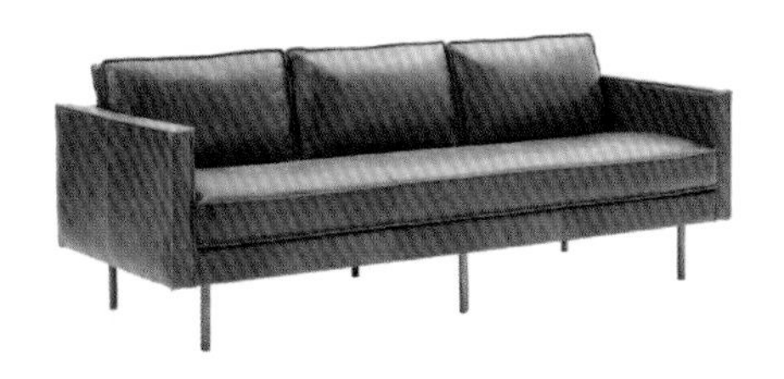

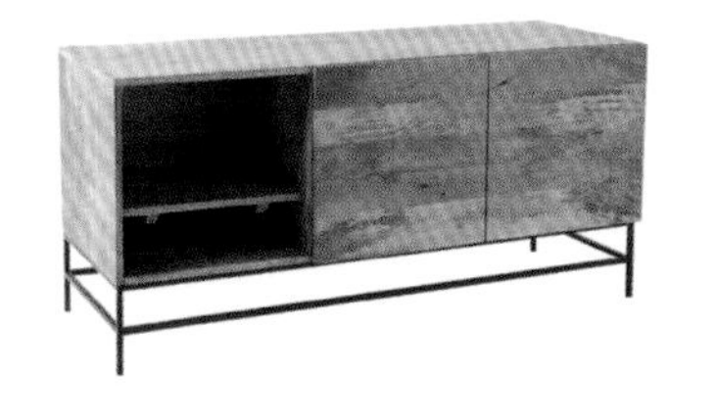

七、新古典风格家具

比欧洲古典风格更加的简化以及加入现代元素是新古典风格家具的特点，它虽有古典家具的曲线和曲面，但少了古典家具的雕花，又多用现代家具的直线条，更加适合现代人的审美观点以及生活。这类家具常常被漆上黑色或深色油漆，并带有镀金细部。直的家具腿代替了弯脚并由上而下逐渐收缩，垂直的装饰性凹槽和螺旋形起到了突出直线感的作用。

新古典风格家具类型主要有实木雕花、亮光烤漆、贴金箔或银箔、绒布面料等。使用功能更加人性化，更具舒适度是新古典家具比传统家具更受欢迎的原因之一。新古典家具增加了布艺软垫等，更适应现代人追求舒适的家居需求。

▲ 新古典家具的特点是在古典家具的基础上加入一些现代元素

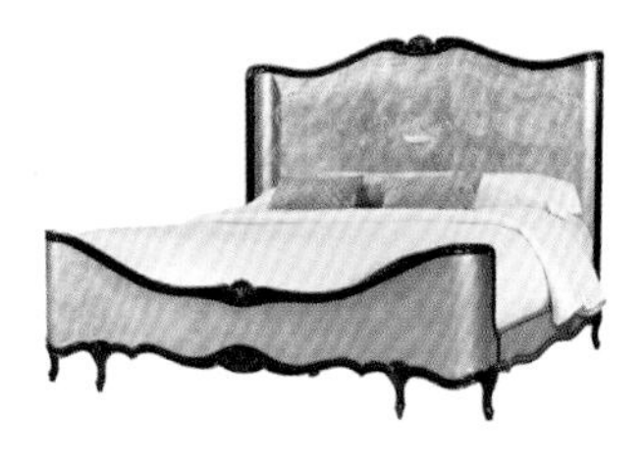

八、东南亚风格家具

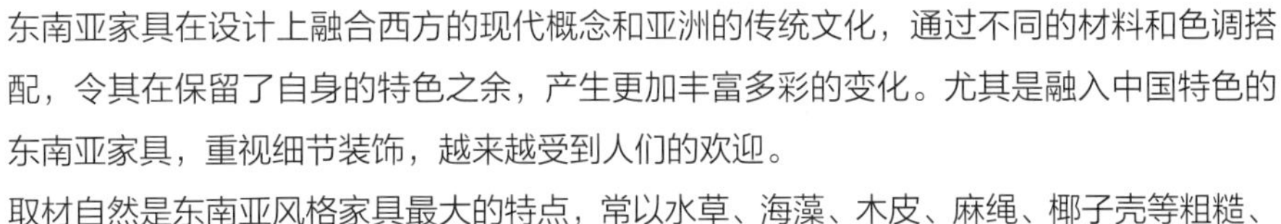

东南亚家具在设计上融合西方的现代概念和亚洲的传统文化，通过不同的材料和色调搭配，令其在保留了自身的特色之余，产生更加丰富多彩的变化。尤其是融入中国特色的东南亚家具，重视细节装饰，越来越受到人们的欢迎。

取材自然是东南亚风格家具最大的特点，常以水草、海藻、木皮、麻绳、椰子壳等粗糙、原始的纯天然材质为主，带有热带丛林的味道。在色泽上保持自然材质的原色调，大多为褐色等深色系，在视觉上给人以质朴自然的气息。在工艺上以纯手工编织或打磨为主，完全不带一丝工业化的痕迹。

大部分的东南亚家具采用两种以上不同材料混合编织而成。藤条与木片、藤条与竹条，材料之间的宽、窄、深、浅，形成有趣的对比。各种编织手法的混合运用令家具作品变成了一件手工艺术品。

▲ 东南亚风格家具给人以质朴自然的视觉感受

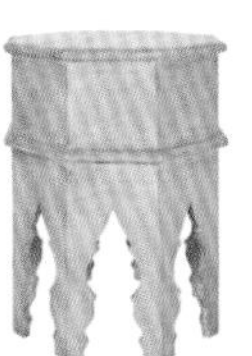

九、地中海风格家具

地中海风格的家具通常以经典的蓝白色出现，其他多以古旧的色泽为主，一般多为土黄、棕褐色、土红色等，线条简单且修边浑圆，往往会有做旧的工艺，展现出风吹日晒自然之美。材质上最好选择实木或者藤类，此外还有独特的锻打铁艺家具，也是地中海风格家居特征之一。

▲ 蓝白色家具是地中海风格的主要特点之一

○○○ 第二节

软装家具功能应用

Furniture

软装家具是指日常生活中具有坐卧、凭倚、贮藏、装饰等功能的生活器具，是室内体量最大的软装元素之一。家具是实用的艺术品，与其他元素共同构成了软装设计的内容。家具主要功能在于实用，并可用来分隔、组织空间。

一、具有空间隔断功能

把家具陈设在适当的位置，可以分隔功能不同的空间。

卧室里，可以用柜子界定出书房或工作空间；餐厅里，可以利用餐边柜把厨房区分为食物准备区和烹调区。沙发和椅子尺寸虽然低矮，也同样具有隔断的功能，尤其是家里想做成开放空间的室内格局，最适合用沙发和椅子界定出客餐厅等公共空间。

▲ 兼具收纳与隔断功能的展示柜

二、营造不同的室内区域感

家具不仅可用来区隔空间，还可以营造出区域感。只要摆设符合主题的家具，例如沙发、餐桌、书桌等，加上适当的布置，就可以划分出会客区、就餐区或工作区。在客厅、卧室或阳台角落，摆上一张单人椅，再放个立灯及活动式矮柜，就成了简单的阅读区；还可以在卧房、书房或室内随便一处角落，摆上两张单椅，再加张小茶几，形成了休闲区。虽然只是简单的家具，却可以营造出不同的室内气氛。

▲ 利用一些小家具在室内角落布置出一个小型休闲区

▲ 在面积充裕的过道上布置小型阅读区

三、增进空间使用功能

如果觉得房间没有足够空间可以布置基本所需的家具，不妨改用功能性家具。

例如，没有多余的客房可以用来招待客人，布置一张沙发床放在书房内，兼具沙发和床的功能；和室多半是家中多余的空间，既可当作休闲室，也可变成客房，布置一张可伸缩式的桌子，平常可用来泡茶，客人来时，桌子收起来就能当客房。

▲ 和室中可伸缩的小桌子

▲ 带滑轮的活动式收纳架是一件实用的功能性家具

四、巧妙掩饰户型缺陷

如果空间户型有缺陷，可以通过摆设家具来转移视觉注意力，进行掩饰。

房间中的横梁通常是个大难题，而且梁下的空间通常很难利用。最好的方法就是在横梁下方摆设合适尺寸的衣柜或书柜。此外，楼梯下方如果形成一个三角形的狭小空间，容易在视觉及使用上造成死角，不妨摆设柜子或桌几修饰一下，还可以增加收纳或装饰功能。

▲ 楼梯下方的空间摆设小圆几，形成一个小型景观区

五、轻松创造空间新鲜感

如果房间使用久了，难免觉得陈旧乏味。但变动格局重新装修得花一大笔钱，这时可以通过更换或改变家具陈设的方法，替空间注入活力，给人耳目一新的感觉。

如果室内方形或长形家具较多，可以用一些圆形家具如高脚凳、小咖啡桌或是圆的沙发边几进行缓和；如果室内有太多零星的橱柜、小桌子或是小椅子，可考虑用一件多功能家具取代。比如在沙发后方加一张较长的矮柜，就能取代客厅里的小边桌或咖啡桌，创造视觉的整齐度。

如果觉得老是让家具整齐排列或靠在墙边很单调，可以选择一个主要家具，改变它的摆放角度，就能创造出不同的视觉性。

▲ 富有趣味造型的单人椅

▲ 不规则造型的矮凳轻松创造出新鲜感

▲ 沙发后方的矮柜代替小边桌的功能

○○○ 第三节

软装家具色彩搭配

Furniture

空间中除了墙、地、顶面之外，就数家具的颜色面积最大了，整体配色效果主要是由这些大色块组合在一起形成的，孤立地考虑哪个颜色都不妥当。

家具颜色的选择自由度相对较小，而墙面颜色的选择则有无穷的可能性。所以，可以先确定家具的颜色，然后根据配色规律来斟酌墙、地面的颜色，最后决定窗帘、摆件和挂件的颜色。有时候，一套让人喜爱的家具还能提供特别的配色灵感，并能以此形成喜爱的配色印象。

家具色彩除了考虑硬装色彩外，还应兼顾硬装材质与家具的匹配度、硬装素材造型与家具外观的匹配度、硬装造型中线形设计与家具用材的匹配度等。

▲ 一个空间的配色方案可以由家具作为主线延伸开去，从而确定墙地面的颜色

一、与墙面的色彩搭配

墙面在家居空间环境中起着最重要的衬托功能，配色时应着重考虑其与家具色彩的协调及反衬的需要。通常，对于浅色的家具，墙面宜采用与家具近似的色调；对于深色的家具，墙面宜用浅的灰性色调。

C 25 M 10 Y 20 K 0

C 25 M 20 Y 33 K 0

▲ 搭配与墙面色调相近的家具容易给人一种舒适感

二、与窗帘的色彩搭配

如果房间家具的色彩较深，在挑选布艺时，可选择较浅淡的色系，颜色不宜过于浓烈、鲜艳。选择与家具同种色彩的窗帘是最为稳妥的方式，可以形成较为平和恬静的视觉效果。当然，还可以将家具中的点缀色作为窗帘主色，从而营造出灵动活跃的空间氛围。

C 70 M 42 Y 13 K 17

C 11 M 19 Y 30 K 0

C 19 M 93 Y 82 K 16

C 40 M 60 Y 46 K 60

▲ 沙发与窗帘同色，给人协调和谐的视觉感受

三、与地面的色彩搭配

地面色彩构成中，地板、地毯和所有落地的家具元素均应考虑在内。地面通常采用与家具或墙面颜色接近而明度较低的颜色，以期获得一种稳定感。

C 25 M 40 Y 70 K 16

C 25 M 33 Y 50 K 9

C 46 M 52 Y 62 K 58

C 23 M 88 Y 88 K 35

▲ 墙地面颜色与家具颜色接近而且明度较低，创造出大气稳定的空间效果

○○○ 第四节

软装家具采购定制

Furniture

整个软装项目中，成本最高的通常都是家具部分，所以，如何采购家具在整个软装设计中是非常关键的一步。通常，工程类客户一般都会选择定制类家具，一些要求较高的商业客户会选择进口品牌家具，而家居类的客户则比较中意国内各大家具卖场的品牌家具。

一、采购纯进口家具

进口家具往往有数十或上百年的文化积淀，在国际上有很高的知名度和品质。但因为要从海外运来，所以货期一般都在 2 个月以上，有些畅销产品甚至要等半年以上，因此在采购此类家具时，一定要留有足够的时间。

▲ 欧式进口家具赋予空间浓郁的贵族气质

二、采购国内家具卖场的品牌家具

近几年，家具业的发展突飞猛进，国内大型的家具卖场一直在增加，家具品牌也数不胜数。此类家具选择余地大，但基本上都是按空间来规划成套的家具，如果想采购非常个性的家具比较难。

▲ 国内家具卖场的品牌家具通常按成套购买

三、采购定制类家具

定制家具的模式非常适合工程类客户，如售楼处、样板间、酒店、会所等，制作灵活，工期短。在实际采购过程中参照右图的流程。

▲ 依照空间尺寸定制个性化家具

家具定制流程

确定尺寸 → 根据实际空间，一定要把尺寸核实清楚，这是定制家具最容易出错的环节。如果施工还没有完成，只能根据 CAD 图纸确定；如果在施工过程中或者硬装已经完成，一定要到现场核实具体尺寸。

描述细节 → 家具是有很多细节的，比如金箔该用什么颜色，雕花的线条该多粗多深，木料是用哪种，封闭漆还是开放漆等。下单时很多细节都要有详细的描述，这样后期跟单会起到事半功倍的效果。

翻样确定 → 一般情况下，软装设计方案中涉及的家具，都需要家具厂进行翻样设计，制作出翻样稿。软装设计师一定要进行严格的确认，包括尺寸、材质、颜色和造型等，最好还要给客户做一次确认。

下单及跟单 → 下单给家具厂后，要有专人每隔几天进行核实跟单，避免造成不必要的损失。

收货验货 → 收货一定要求厂方对产品进行非常安全到位的包装，并在收货时再次认真地核实细节。

○○○ 第五节

软装家具摆场法则

Furniture

家具布置首先应满足人的使用需要；其次要使家具美观耐看，就必须按照形式美的原则来考虑家具的尺度、比例、色彩、质地与装饰效果等，而款式与风格应依空间总体要求及使用者的个性和爱好来考虑。

一、符合使用目的

家具陈设要仔细考虑“以何种目的为主，放置在何处，如何使用”等问题。使用目的不同，家具的选择及摆设方式也不同。变换不同的摆设方式，能让同一个房间既可成为家人聚会的起居室，也可成为接待客人用的会客厅。

▲ 通过合理家具布置使客厅成为兼具会客与休闲的多功能区

二、明确家具尺寸

选择家具也是需要技巧的，不能只看外观，尺寸的合适与否也是很重要的。往往在卖场看到的家具总会感觉比实际的尺寸小，觉得尺寸应该正合适的家具，实际上大一号的情况也时有发生。所以，有必要事先了解家具实物，再掌握家具尺寸，回去后再认真考虑。

▲ 对于一些体积较大的家具，应根据实际空间面积进行选择

▲ 相邻摆放的家具不应起伏过大，要创造和谐的第一视觉印象

三、合理配置比例

每一件家具都有不同的体量感和高低感，无论如何摆放，都要注意大小相衬，高低相接，错落有致。摆在一起的家具，如果彼此间的大小、高低和空间体积过于悬殊，肯定会让人觉得别扭。另外，相邻摆放的家具如果起伏过大，同样会带来杂乱无章的视觉印象。

四、注意活动路线

家具陈设时，重点要考虑到室内人的活动，注意预留家具在使用过程中所需的动作空间，避免家庭成员在使用家具的同时阻碍动线，出现相互干扰或磕碰的情况。家具遮挡活动路线的设计会造成浪费。

例如，拉开餐椅，后面的空间可否供人通行；衣柜摆放在床边，而且距离十分近，不但衣柜的门无法完全打开，而且下床的人会不小心碰到衣柜；又或者是大门后设置鞋柜，鞋柜太大，导致大门无法完全开启，而且大门挡着鞋柜门的开启，这些就是没有计算好动线的结果。

▲ 拉开餐椅后是否会影响到室内动线是餐厅家具布置的考虑重点

▲ 卧室衣柜与床之间保留 1m 以上的距离

五、保证空间宽敞

摆设家具不能影响室内采光和空气流通，体积大的家具摆在靠墙或房间角落，但要避免靠近窗户，以免产生大面积阴影。一般来说，不在视线前摆放阻隔视线的家具可以让房间显得更加宽敞。放置大家具时上方最好留出一定的空间，这样也可有效缓舒压迫感。

▲ 大体量家具适合靠墙摆放

六、考虑视线感受

布置家具时，立体方位也是一个重点。例如坐在椅子上时，进入眼帘的景观也需要考虑；坐在沙发上时，餐厅桌椅下的脚是否可以看到，杂乱的厨房是否能够看到，这些问题也需要提前规划。要尽量让视线向窗外或墙面的装饰画上集中，然后据此配置各种椅子类的家具。

▲ 布置软装家具时，应考虑把坐在沙发上视线内的室外景观作为装饰的一部分

七、兼顾照明设计

照明灯饰的设计和家具摆设要同时考虑。首先要留意设计落座的位置，不能让照明晃眼；其次家具的摆设不能影响到照明灯饰的使用，例如平层公寓的卧室里的吊灯最好不要安装在床的正上方，否则人站在床上的时候就有可能头顶到灯。

▲ 卧室顶面的灯具避免安装在床的正上方

八、遵循二八法则

家具搭配忌做成某个品牌的展示厅，布置时最好忘记品牌的概念，建议遵循二八搭配法则。意思就是空间里 80% 的家具使用同一个风格或时期的款式，而剩下的 20% 可以搭配一些其他款式进行点缀，例如可以把一件中式风格家具布置到一个现代简约风格的空间里面。

但有些款式并不能用在一起。例如，维多利亚风格的家具与质朴自然的美式乡村家具格格不入，但和同样精致的法式、英式或东方风格的传统家具搭配时就很搭调；而美式乡村风格的家具和现代简约风格的家具就可以搭配在一起。

▲ 中式官帽椅与水洗白柜子的混搭别有一番风情

▲ 利用一个工业风的箱子作为客厅茶几，给房间增加混搭的魅力

○○○ 第六节

沙发类家具陈设

Furniture

沙发作为最重要的家具，不仅在功能上，而且在外形上对整个客厅空间风格都有至关重要的影响。一个恰到好处的沙发绝对能让人忽略其他细节上的小瑕疵。由于每个家庭的格局都不尽相同，如何将沙发布局摆放得正确是软装设计时考虑的重点。

一、沙发常规尺寸

沙发的尺寸是根据人体工程学确定的，因其风格及样式的多变，所以很难有一个绝对的尺寸标准，只有一些常规的一般尺寸可供参考。

1. 沙发尺寸定义

宽度是指沙发从左到右，两个扶手外围的最大的距离，也就是通常意义上所说的沙发长度。

座宽 = 宽度 − 扶手宽度 ×2

深度是指沙发从前往后，包括靠背在内的沙发前后的最大距离，也就是通常意义上所说的沙发宽度。

座深 = 深度 − 后靠的厚度

高度是指沙发从地面到沙发最高处的上下的最大的距离，和通常意义的“高”是同一个概念。

座高 = 地面到座位表面的距离

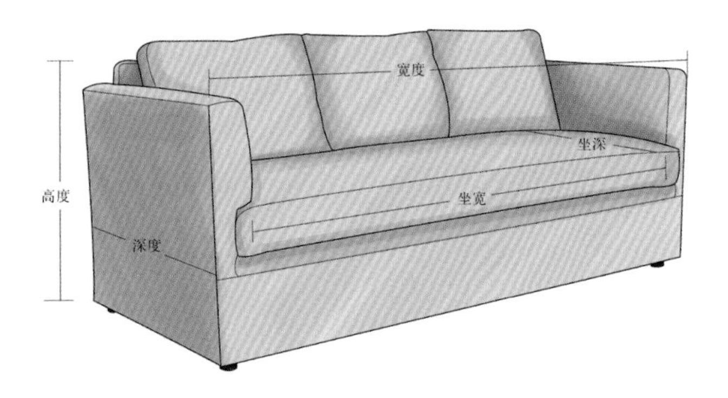

2. 沙发宽度

沙发按照宽度通常分为单人沙发、双人沙发、三人沙发和四人沙发。

单人沙发尺寸宽度约 80~95cm；
双人沙发宽度尺寸约 126~150cm；
三人沙发宽度尺寸约 175~196cm；
四人沙发的宽度尺寸约 232~252cm；
单人沙发的深度约 85~90cm；
其他几类沙发的深度约 80~90cm。

▲ 单人沙发

▲ 双人沙发

▲ 三人沙发

▲ 四人沙发

3. 沙发高度

沙发的座高应该与膝盖弯曲后的高度相符，才能让人感觉舒适，通常沙发座高应保持在 42cm 左右。沙发按照高度可分为高背沙发、普通沙发和低背沙发三种类型。

低背沙发靠背高度较低，一般距离座面 37cm 左右，靠背的角度也较小，不仅有利于休息，而且挪动比较方便、轻巧，占地较小。

普通沙发是最常见的一种，市场上销售的多为这类沙发。此类沙发靠背与座面的夹角很关键，沙发靠背与座面的夹角过大或过小都将造成使用者的腹部肌肉紧张，产生疲劳。同样，沙发座面的宽度也不宜过大，座面的宽度一般要求在 54cm 之内，这样可以随意调整坐姿，休息得更舒适。

▲ 高背沙发

高背沙发又称为航空式座椅，它的特点是有三个支点，使人的腰、肩部、后脑同时靠在曲面靠背上，十分舒服。同时，高背沙发由于其体量较传统沙发大，与传统型沙发放置在一起，能够很好地形成差异，增加家具间的层次感。

▲ 低背沙发

▲ 普通沙发

二、常见沙发材质

1. 皮质沙发

皮质沙发是用动物皮加工成的皮革制成的沙发，相对于其他材质沙发来说更加柔软透气，质感更好。其实很多皮质沙发并不是全皮，通常与人体接触部位为真正皮质，其余部分是配料革，只是颜色与前部非常接近，如果整个沙发全部是皮质组成，则价格较高。由于皮质沙发通常体积较大，外形厚重，比较适宜摆放在面积较大的客厅。

2. 布艺沙发

布艺沙发属于应用最广的沙发，其最大的优点就是舒适自然，休闲感强，容易令人体会到家居放松的感觉，可以随意更换喜欢的花色和不同风格的沙发套，而且清洗起来也很方便。

在居室搭配方面，布艺沙发可以根据布料的差异配合不同风格的房间，现代简约、田园、新中式或者是混搭风格家具都可以选用布艺沙发。

3. 木质沙发

木质沙发给人感觉比较高档，但一般来说，木头中如果含有甲醛，是很难挥发的。所以木质沙发最好是选择实木的材料。要注意木头含水量，如果放在潮湿的地方，很容易发生变形。另外，木质沙发也不能靠近暖气，或者摆设在取暖器周围。

4. 藤制沙发

藤制沙发的优点是自然淳朴，色泽天然，通风透气性能好，集观赏性和实用性于一体，既符合环保要求，又典雅别致充满情趣，并且能够营造出浓厚的文化气息。选购藤制沙发最好将室内的整体设计风格放在同一背景下进行考量，过于繁复或过于现代的家居风格与藤质沙发是不相匹配的。

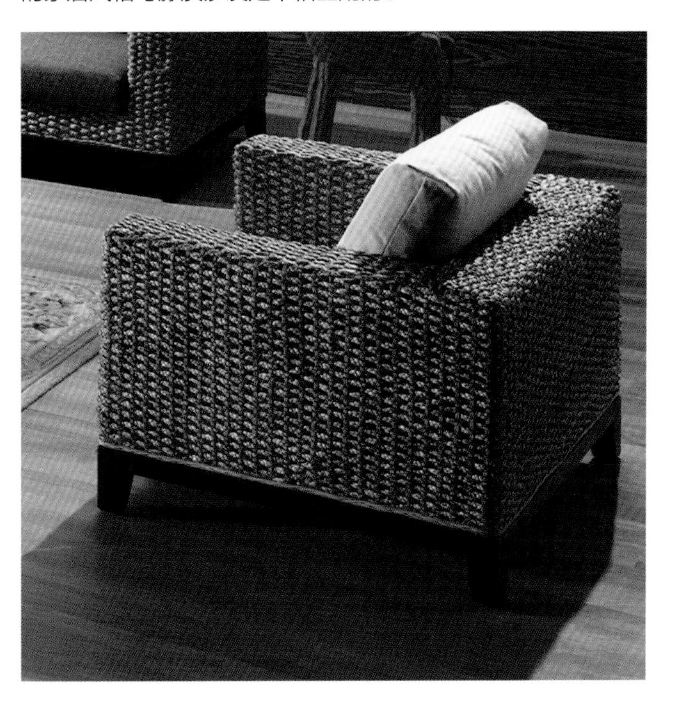

三、沙发色彩搭配

沙发是客厅中最大件的家具，而一个空间的配色通常从主要位置的主角色开始进行，所以可以先确定沙发色彩，为空间定位风格后，再挑选墙面、灯饰、窗帘、地毯以及抱枕的颜色来与沙发搭配，这样的方式主体突出，不易产生混乱感，操作起来比较简单。

一般来说，不论是沙发还是地毯，除非个人对色彩的接受度比较大，不然通常还是建议选购大地色系、花样素雅的为主。

如果客厅宽敞而且采光较好，可以大胆选择色彩亮丽的大花、大红、大绿、方格等色彩图案；对于小户型来说，可以选择图案细小、色彩明快的沙发面料。如果用白色沙发作为小客厅的家具是很明智的选择，它的轻快与简洁会给空间一种舒缓的氛围，让居住不会逼仄与狭窄。

素色沙发不怕风格会被局限，只要简单搭配一些装饰品或墙饰，就能变换风格。大花案的沙发不太容易驾驭，但却是设计家居亮点的首选，特别是在留白处理的客厅空间里，增加抢眼的花案沙发，以色彩来丰富空间的表情，可以营造不一样的居家氛围。

▲ 大花图案沙发具有很强的装饰效果，容易成为客厅中的视觉焦点

▲ 白色沙发可以让小户型空间显得更加开阔一些

沙发为主的空间配色方案

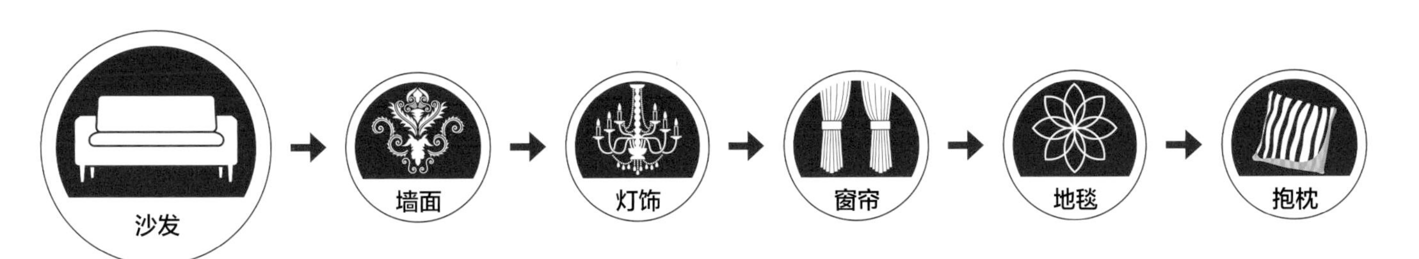

四、沙发陈设要点

1. 沙发摆设位置

如果先装修电视墙，然后再把沙发放在对面，这时可能遇到沙发摆放受到房间尺寸的限制，造成观影效果不佳的情况。因此，装修时需先摆好沙发，这样电视机的位置也就轻松确定了，同时可以根据沙发的高低确定壁挂电视高低，减小了观影时的疲劳感觉。一般电视墙距离沙发 3m 左右，这样的位置是正适合人眼观看的距离，进深过大或过小都会造成人的视觉疲劳。

▲ 电视墙距离主沙发 3m 左右是合适的观影距离

2. 沙发摆设尺寸

很多业主喜欢将主沙发靠墙摆放，所以在挑选沙发时，就可依照这面墙的宽度来选择尺寸。沙发的宽度不要超过背景墙，也不能刚刚好，应该占据墙面的 1/3~2/3，这样的空间整体比例最舒服。例如，背景墙的宽度是 500cm，就不适合只放 160cm 的两人沙发，当然也不适合放到满，会造成视觉的压迫感，并且影响到居住者行走的动线。

如果客厅空间过小，可以只摆入一张一字形主沙发，那么沙发两旁最好能各留出 50cm 的宽度来摆放边桌或边柜，以免形成压迫感。

▲ 沙发摆设尺寸

3. 沙发摆设角度

客厅沙发直接对着门的摆法没有私密性，建议把沙发摆在门侧。摆在窗户前面的沙发，可以稍微转换一下摆放角度，或者和窗户稍微错开一点，避免直接靠在窗户前面。沙发的靠背应高过窗台，这样坐在沙发上的人就不会被窗台碰伤，提高了安全系数。如果沙发的一侧是窗户，可以使人在很好地利用自然光线的同时又不受阳光的困扰，是沙发在客厅中的最佳摆法。

▲ 摆在窗户旁的沙发靠背宜高过窗台

五、沙发陈设方案

1. 适合小户型客厅的 I 型沙发摆设

I 型家具布置给人以温馨紧凑的感觉，适合营造亲密的氛围。只要将客厅里的沙发沿一面墙摆开呈一字状，前面放置茶几，这样的布局能节省空间，增加客厅活动范围，非常适合小户型空间。如果沙发旁有空余的地方，可以再搭配一到两个单椅，最能灵活调整；或者摆上一张小边几，再摆上绿色植物作为点缀，虽然客厅的格局不变，但视觉上更为生动、丰富。

▲ 适合小户型客厅的 I 型沙发摆设

2. 适合长方形客厅的 L 型沙发摆设

先根据客厅实际长度选择双人或者三人沙发，再根据客厅实际宽度选择单人扶手沙发或者双人扶手沙发。茶几最好选择长方形的，边几和散件则可以灵活选择要或者不要。

当然，如果想尝试一种更为舒适的摆法，可以将单人沙发换成一个无脚的懒骨头沙发凳，这样可以根据客厅的空间大小随意移动位置。

▲ 适合长方形客厅的 L 型沙发摆设

3. 适合正方形客厅的 L 型沙发摆设

接近于两边对等的 L 形格局，最适合朝南或者朝东方向的客厅。可以考虑布置成三人沙发和双人沙发的形式，同时可以根据客厅实际情况随意调整。边几也可以不要两个，把其中一个换成落地灯或大株植物的话更显活泼。

▲ 适合正方形客厅的 L 型沙发摆设

4. 适合大面积客厅的 U 型沙发摆设

U 型摆放的沙发一般适合面积在 40m^2 以上的大客厅，而且需为周围留出足够的过道空间，所以使用的舒适度也相对较高，特别适合人口比较多的家庭。一般由双人或三人沙发、单人椅、茶几构成，也可以选用两把扶手椅，要注意座位和茶几之间的距离。

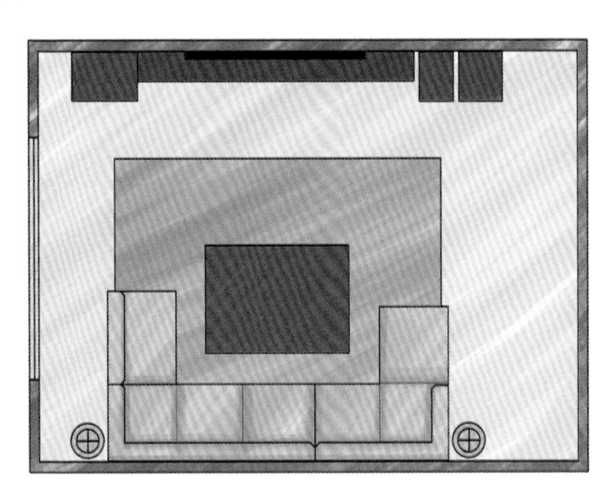

▲ 适合大面积客厅的 U 型沙发摆设

5. 适合不看电视人群的对立型沙发摆设

将两个沙发对着摆放的方式不大常见，但事实上，这是一种很好的摆放方式，尤其适合越来越多的不爱看电视的人的客厅，而且面积大小不同的客厅，只需变化沙发的大小就可以适应。想要比较大的客厅不显得空旷，那么就选择两个比较厚重的大沙发对着摆放，这样客厅就会显得很大气。散件可以搭配两个同样比较厚实的脚凳。比较狭长的小客厅，可以选择两个小巧的双人沙发，给小客厅一种拥挤的热闹感。而如果把其中一个换成躺椅的话，又是一种新的闲适感觉。

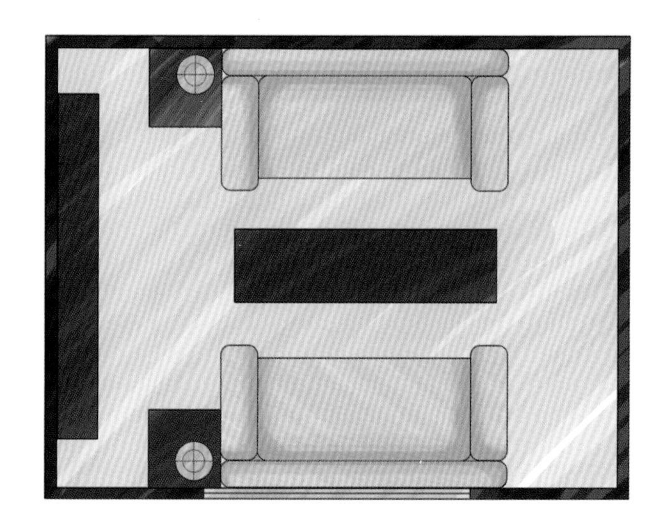

▲ 适合不看电视人群的对立型沙发摆设

6. 适合经常聚会家庭的围合型沙发摆设

围合型布置是以一张大沙发为主体，再为其搭配多把扶手椅。因为四面都摆放家具，所以家具变化的形式和种类也就非常多。比如三人 / 双人沙发、单人扶手沙发、扶手椅、躺椅、榻、矮边柜等，都能根据实际需求随意搭配使用，只要最终格局能形成一个围合的方形。

这种围合式沙发摆放方式适用于大小不同的空间中，还能在家具形式的选择上增加多种变化，更显示居住者的个性。

▲ 适合经常聚会家庭的围合型沙发摆设

7. 适合营造大空间氛围的错落式沙发摆设

整体格局是一个长方形，但是却把两个沙发错开一个位置摆放，非常具有灵动感和实用性，因为错开的地方正好放边桌。这种沙发摆设形式适合中小户型的空间，有些客厅面积小的家庭一般比较想拥有大空间的效果，也想体验大空间的宽敞感，而这种沙发摆法就可以实现愿望。

▲ 适合营造大空间氛围的错落式沙发摆设

○○○ 第七节

床类家具陈设

Furniture

卧室的主要作用就是休息，所以睡眠区是卧室的重中之重，而睡眠区最主要的软装元素就是床，它也是卧室空间中占据面积最大的家具。在设计卧室时，首先要设计床的位置，然后确定其他家具的摆放位置。也可以说，卧室中其他家具的设置和摆放位置都是围绕着床而展开的。

床的选择可以根据整个空间的风格，也可以具体到呼应卧室内的床头墙面。还有一种更加有趣简单的做法是硬装部分在墙面做好床头板，只需要去买一个质量上好的床架就可以了。

一、常见床类型

板式床

板式床是指基本材料采用人造板，使用五金件连接而成的家具，一般款式简洁，简约个性的床头比较节省空间。板式床的价格相对其他类型便宜一些，而它的颜色和质地主要依靠贴面的效果，因此这方面的变化很多，可以给人以各种不同的感受，十分适合小居室。

▲ 板式床

四柱床

四柱床能为整个房间带来典雅的氛围。床柱的材质包括雕花木、简洁金属线条等。四柱床的体积比较大，一般多摆设在卧室中央，所以要有足够的空间才能衬托出气势。若是卧室面积小于 $20m^2$，或者层高不够的话，最好还是不要使用四柱床，以免造成空间的压迫感。

▲ 四柱床

雪橇床

起源于法国，发展到如今的雪橇床去除了繁复的雕花，重在表现床头靠背与床尾板优美弧线，造型更为简洁明朗。弯曲度依照人体背部曲线设计，让睡前依靠床背阅读或看电视变得更为舒适，是古典、乡村风格的卧室爱用的经典款，摆在任何一间卧室都能呈现出美丽雅致的风格。

▲ 雪橇床

铁艺床

铁艺床最开始出现于欧洲的 18 世纪中后期，发展到现在依旧是许多软装设计师们打造田园风格或复古风格的理想之选，它不仅以牢固的材料加工制作而成，更装载着从古至今的艺术气息。相对板式床来说，铁艺床最大的优点就是能很大地减小室内环境的污染。

▲ 铁艺床

地台床

对于空间宽度比较窄的房间，放床可能不是最好的选择，不仅浪费床周边与墙之间的空间，而且将来打扫卫生也是一个问题，因此设计成地台床会比较理想。地台床对床垫的大小没有约束，可以选择 1.8m 或者 2.0m 的尺寸，制作地台床的基础选择实木相对比较环保。

▲ 地台床

圆床

圆床越来越受到很多年轻业主的喜爱，如果再配合圆形吊顶做呼应，更加别致。圆床一般适合简约风格，如果卧室装修成欧式奢华或中式风格的话，就尽量不要选择圆床，否则会破坏原有风格，显得格格不入。圆床占用的空间相比普通床来说更大一些，所以卧室空间要够大，否则摆进去会显得很局促。

▲ 圆床

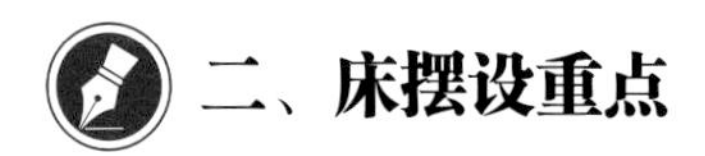

二、床摆设重点

1. 床摆设尺寸

通常，布置卧室的起点就是选择适合的床。除非卧室面积很大，否则别选择加大双人床。因为一般人都不大清楚空间概念，如果在选购前想知道所选的床占了卧室多少面积，可以尝试简单的方法：用胶带将床的尺寸贴在地板上，然后在各边再加 30cm 宽，这样的大小可以让人绕着床走动。

以床尾来说，若对墙设有衣柜，床尾与柜门应留出宽 90cm 以上的通道，这个宽度包括房门打开与人站立时会占掉的空间。床头两侧至少要有一边离侧墙有 60cm 的宽度，主要是为了便于从侧边上下床；如果想摆放床头边桌，床头旁边留出 50cm 的宽度，可顺手摆放眼镜、手机等小物品。

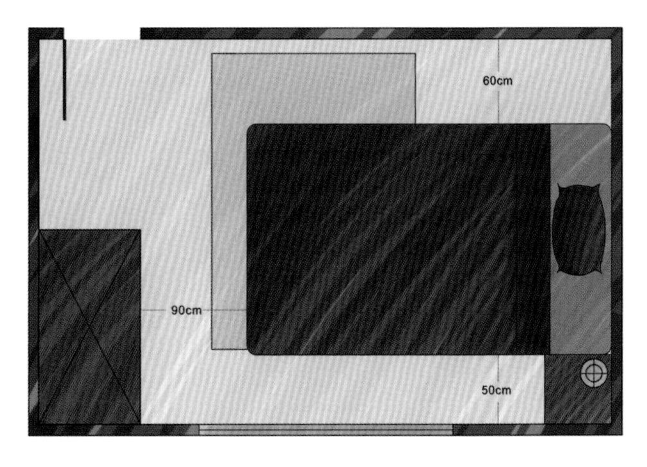

▲ 床摆设尺寸

2. 床常规摆法

一般住宅中的卧室都是方形或长方形的，其中有一面墙带有窗户。在这种格局的卧室里，可以将床头靠在与窗垂直的两面墙中的任意一面。当然，如果追求个性化，还需要参考开门的方向、主卫的位置、衣柜的位置等，做到因地制宜。

大户型卧室摆放床时可以选择两扇窗离得较远一点，中间墙面足够宽的区域，将床头放置在两窗之间靠墙的位置。

相比大人的房间，儿童房需要具备的功能更多，除睡觉之外，还要有储物空间、学习空间以及活动玩耍的空间，所以需要通过设计使得儿童房空间变得更大。建议把床靠墙摆放，使得原本床边的两个过道并在一起，变成一个很大的活动空间，而且床靠边对儿童来讲也是比较安全的。

▲ 大户型卧室的床适合摆在两窗之间靠墙的位置

▲ 儿童房睡床靠墙摆放，留出更多的活动空间

○○○ 第八节

桌几类家具陈设

Furniture

餐桌、书桌、梳妆桌等都是实用型的软装家具，在布置时既要注重风格的一致性，也要遵循合理舒适的摆设原则；茶几、边几虽然是客厅空间的小配角，但它们在居家的空间中往往能够塑造出多姿多彩、生动活泼的表情。

一、餐桌陈设

正方形的房间不太适合放置长条形的餐桌，长方形的房间不适宜放圆形餐桌。如果房子活动范围够大的话，可以用一个大的实木桌同时代替餐桌和工作桌。餐桌大多数的装饰点在桌脚，在选择的时候，注意观察桌脚是否与整个环境其他的家具的脚相融。现在有很多可拆分或者可伸缩的多功能桌子，能够根据使用人数来变换。

1. 常见餐桌类型

方形餐桌

方桌通常最符合多数空间的形状，可以提供最大的使用面积。76cm×76cm 的方桌和 107cm×76cm 的方形桌是常用的餐桌尺寸。如果椅子可伸入桌底，即便是很小的角落，也可以放一张六座位的餐桌，用餐时，只需把餐桌拉出一些就可以了。76cm 的餐桌宽度是标准尺寸，至少也不宜小于 70cm，否则，对坐时会因餐桌太窄而互相碰脚。

圆形餐桌

圆桌可以方便用餐者互相对话，人多时可以轻松挪出位置，同时在中国传统文化中具有圆满和谐的美好寓意。

在一般中小型住宅中，如用直径 120cm 的餐桌，常嫌过大，可定做一张直径 114cm 的圆桌，同样可坐 8~9 人，但看起来空间较宽敞。如果用直径 90cm 以上的餐桌，虽可坐多人，但不宜摆放过多的固定椅子。

吧台式餐桌

家庭人口不多的小户型空间中可以把厨房做成开放式的形式，再用吧台连接，充当餐桌的同时还可以有一个休闲的小角落，既时尚，又富有情调，增加空间的实用性。吧台大小需要能并肩坐下两个人为宜，高度要求在 1m 上下。另外，从人体功能学考虑，吧台的下方最好不要制作柜体，脚长时间顶着柜体会不舒服，这样人自然不可能常常使用吧台。

伸展式餐桌

可伸展餐桌很多人并不陌生，特别是对于小空间的居住者来说。餐厅空间不足时，可伸展餐桌可以分别满足少人和多人就餐：当少人就餐时，普通的桌面可以容纳 4 个人吃饭；当有客人一同就餐时，打开桌子的伸展板，还可以成为多人就餐的长餐桌。

2. 餐桌摆设形式

摆设尺寸

餐厅家具的摆放在设计之初就要考虑到位，餐桌与餐厅的空间比例一定要适中，尺寸、造型主要取决于使用者的需求和喜好。餐桌大小不要超过整个餐厅的三分之一是常用的餐厅布置法则。摆设餐桌时，必须注意一个重要的原则：留出人员走动的动线空间。通常餐椅摆放需要 50cm，人站起来和坐下时需要 30cm 的距离，因此餐桌周围至少要留出 80cm 的宽度，如果过道上有餐具柜，至少留出 137cm 的空间，以免当人坐下来，椅子后方无法让人通过，影响到出入或上菜的动线。

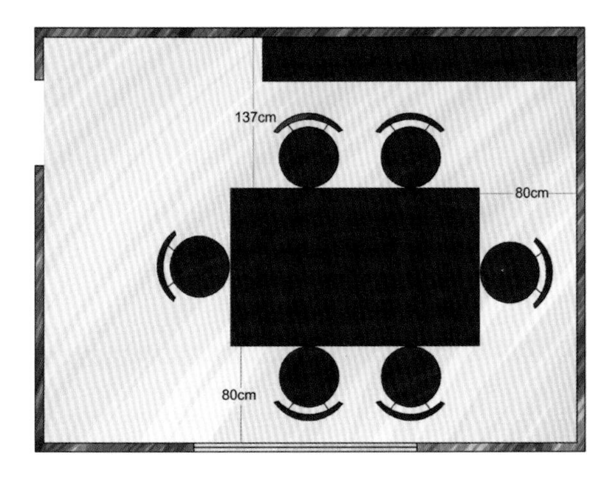

▲ 餐桌摆设尺寸

摆设方案

居中摆设

在考虑餐桌的尺寸时，还要考虑到餐桌离墙的距离，一般控制在 80cm 左右比较好，这个距离包括把椅子拉出来，以及能使就餐的人方便活动的最小距离。

靠墙摆设

很多餐厅都是与客厅或者厨房共用一个大空间的，因为实在是没有多余的地方来为餐厅开辟单独的空间。为了节省餐厅极其有限的空间，将餐桌靠墙摆放是一个很不错的方式，虽然少了一面摆放座椅的位置，但是却缩小了餐厅的范围，对于两口之家或三口之家来说已经足够了。

摆设于厨房中

要想将就餐区设置在厨房，需要厨房有足够的宽度，通常操作台和餐桌之间会有一部分留空。可折叠的餐桌是一种不错的选择，可以选择靠墙的角落来放置，这样既节省空间又能利用墙面扩展收纳空间。虽然餐桌的面积有限，但完全可以满足一家人的使用需求。如果操作台的空间不够，还可以考虑将餐桌当成临时操作台，为厨房减负。

二、书桌陈设

书桌的选择建议结合书房的格局来考虑。如果书房面积较小，可以考虑定制书桌，不仅自带强大的收纳功能，还可以最大程度地节省和利用空间；如果户型较大，独立的整张书桌则在使用上更为便利，整体感觉更大气。

1. 常见书桌类型

单人书桌

书房的空间是有限的，所以单人书桌的功能应以方便工作、容易找到经常使用的物品等实用功能为主。一般单人书桌的宽度在 55~70cm，高度在 75~85cm 比较合适。

双人书桌

一个长长的双人书桌可以给两个人提供同时学习或工作的机会，并且互不干扰，尺寸规格一般为 75cm × 200cm。不同品牌和不同样式的双人书桌尺寸各不相同。也可以选择可根据自身需要而进行调整的双人书桌。

现场制作书桌

很多小书房是利用阳台等角落空间设计的，这样就很难买到尺寸合适的书桌和书柜，现场制作是一个不错的选择。如果书房选择现场制作书桌，可以考虑在桌面下方留两个小抽屉，这样很多零碎的小东西都可以收纳于此。需要注意的是，抽屉的高度不宜过高，否则抽屉底板距离地面太近，可能下面的高度不够放腿。

▲ 利用靠窗位置现场制作书桌，节省空间

悬空面板代替书桌

面积不大的书房可以考虑靠墙悬挑一块台面板代替写字桌的功能，会使整个空间显得比较宽敞。但是需要注意的是，这种悬空的台面板最好不要过长，否则使用一段时间以后会出现弯曲的现象，这是因为跨度大，承受的重力比较大引起的。因此，制作类似书桌的时候建议用双层细木工板，以保证使用寿命。

▲ 悬空形式的书桌最好采用双层细木工板制作

组合式书桌

组合式书桌集合了书桌与书架两种家具的功能，款式多样，让家更为整洁，节约空间，并具有强大的收纳功能。组合式书桌大致有两种类型，一类是书桌和书架连接在一起的组合，还有一类是书桌和书架不直接相连，而是通过组合的方式相搭配。

▲ 组合式书桌具有强大的收纳功能

2. 书桌摆设方案

书桌的摆设位置与窗户位置很有关系，既要考虑灯光的角度，又要考虑避免电脑屏幕的眩光。

很多书房中都有窗户，书桌常常被设计面对窗户的方向，以为这样使用可以在阅读、办公时欣赏到窗外的明媚风光。其实，阅读时窗户过量的室外光容易让人分散精神，更容易开小差。并且，当电脑屏幕背对窗户时，也容易因为光线的干扰而影响视物，难以集中精神。因此，无论是办公桌还是阅读椅，人坐的方向最好背向或侧向窗户光源，才更符合阅读需求。

▲ 在空间条件允许的前提下，把书桌摆设在侧对窗户的位置是最佳选择

靠墙摆设

在一些小户型的书房中，将书桌摆设在靠墙的位置是比较节省空间的。由于桌面不是很宽，坐在椅子上的人脚一抬就会踢到墙面，如果墙面是乳胶漆的话就比较容易弄脏。因此，设计的时候应该考虑墙面的保护，可以把踢脚板加高，或者为桌子加个背板。

居中摆设

面积比较大的书房中，通常会把书桌居中放置。造型别致的书桌成为书房空间的主角显得大方得体，但随之而来的是插座网络等插口的问题。这些可设计在离书桌较近的墙面上；也可以在书桌下方铺块地毯，接线从地毯下面过；或者干脆做地插，位置不要设计在座位边上，尽量放在脚不易碰到的地方。

三、梳妆桌陈设

梳妆桌是供梳妆美容使用的家具。在现代家庭中，梳妆桌往往可以兼具写字台、床头柜、边几等家具的功能。如果配以面积较大的镜子，梳妆桌还可扩大室内虚拟空间，从而进一步丰富室内环境。

1. 常见梳妆桌类型

梳妆桌分为独立式和组合式两种：

独立式即将梳妆桌单独设立，这样做比较灵活随意，装饰效果往往更为突出；

组合式是将梳妆桌与其他家具组合设置，这种方式适宜于空间不大的小家庭。

▲ 独立式梳妆桌

▲ 组合式梳妆桌

2. 梳妆桌常规尺寸

梳妆桌的台面尺寸通常是 40cm×100cm，这样易于摆设化妆品，如果梳妆桌的尺寸太小，化妆品都摆放不下，会给使用上带来麻烦。梳妆桌的高度一般要在 70~75cm 之间，这样的高度比较适合普通身高的使用者。

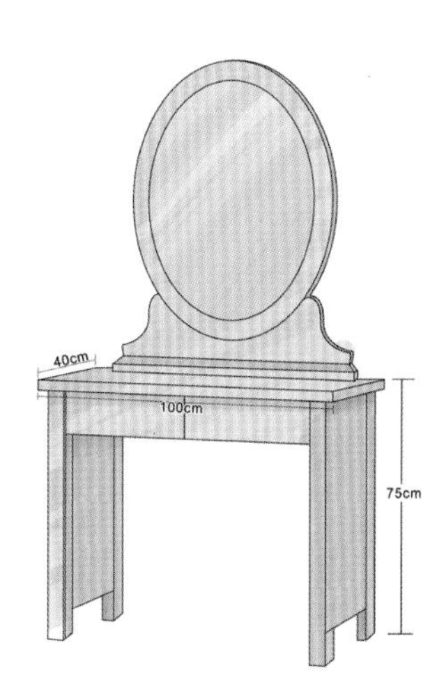

3. 梳妆桌摆设位置

梳妆桌位置的摆放比较灵活，可以根据房间整体来找到最合适的位置。最好放置于自然光线分布较为均匀的地方，不能让光线从摆放位置一侧入射到梳妆台，以避免上妆时掌握不好浓淡。梳妆桌更不宜放置于阳光能够直射到的地方，一方面一些化妆品受阳光照射会提前变质；另一方面，一些实木梳妆台在阳光的直射下也十分容易变形开裂。

▲ 梳妆桌通常摆设在与卧室床头平行的位置

四、茶几陈设

茶几的摆设看似极其简单，实际上却有很深的学问。选取茶几的原则是既低且平，标准就是人坐在沙发中，茶几高不过膝是最理想的高度。摆放在沙发前面的茶几必须有足够的空间，让人的腿能够自由活动。

1. 茶几尺寸选择

确定茶几的尺寸应以与之相配的家具为参照。例如，狭长的空间放置宽大的正方形茶几难免会有过于拥挤的感觉，大型茶几的平面尺寸较大，高度就应该适当降低，以增加视觉上的稳定感。一般，茶几的桌面高度要等于或略低于沙发扶手的高度。通常，标准的沙发扶手的高度为 63.5cm，当然也有例外。现在，大部分的茶几高度在 56~76cm 之间。如果找不到合适的茶几高度，建议选择矮一点的高度，不要选择太高的茶几。高茶几不但会阻碍人们的视线，而且不便于放置物品，比如茶杯、书籍等。对于没有扶手的沙发来说，茶几高度有两种选择方案：一是选择茶几的高度大概等于沙发扶手高度；二是茶几的高度等于沙发的座面高度。可以根据自己的喜好和空间的整体布局来任意选择其中一种方案。

茶几的长度为沙发的七分之五到四分之三；宽度要比沙发多出五分之一左右最为合适，这样才符合黄金比例。

▲ 通常茶几的桌面高度要等于或略低于沙发扶手的高度

茶几摆设时要注意动线顺畅，与主墙之间要留出 90cm 的走道宽度，与主沙发之间要保留 35~45cm 的距离，而 45cm 的距离是最为舒适的。

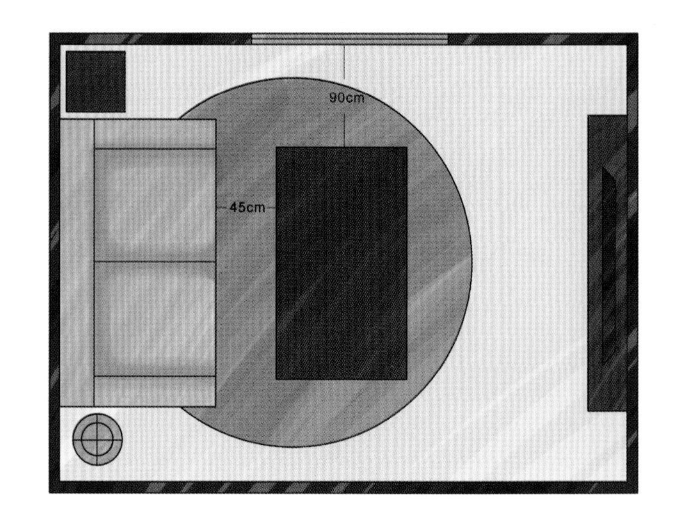

▲ 茶几摆设尺寸

2. 常见茶几材质

茶几通常有玻璃、实木、大理石、藤艺等多种材质的类型，而根据这些茶几的材质不同，它们所适合的装修风格也各不相同。玻璃茶几富有立体感，让空间视觉效果更好，适用于现代简约风格空间。

大理石茶几纹理美观，根据颜色适合不同的装修风格，例如，白色大理石茶几可搭配田园风格，黄色大理石茶几可搭配欧式风格，大理石台面配合实木桌腿还可以搭配中式风格。

实木茶几具有温和的质感，浅淡木色茶几非常适合和浅淡色泽的皮质沙发或布艺沙发相配，经常出现在北欧风格家居中；雕花或拼花的实木茶几富有华丽美感，适合应用于古典空间或厚重的中式风格；厚重质感的实木茶几常应用于美式乡村风格中。

藤艺茶几主要使用加工过的藤、竹等材料，也由于其材料的多变性使得藤艺茶几的造型多变，富有艺术性。藤艺茶几表现出自然的风格，显得沉静古朴，一般需要配合成套家具使用。

3. 茶几色彩搭配

在选择茶几色彩的时候需要考虑沙发与地面的颜色。通常，如果地面是瓷砖，那么茶几就应该和沙发是同一色调或者相反色调。如果客厅地面是木地板，那么茶几的色调应该以沙发的近似色或者浅色为主。

通常茶几都是使用中性色调，看起来未免有些单调乏味。其实，不妨大胆尝试一下鲜艳色彩，让它和沙发形成对比色调。可以根据抱枕的颜色使用相同色系，这样在整体上虽然有撞色，但是又不会太突兀。

▲ 中性色茶几是客厅最常用的选择

▲ 从格纹沙发上取其中一个颜色作为茶几主色调，巧妙形成呼应之美

4. 茶几造型选择

茶几的造型多种多样，就家用茶几而言，一般分为方形或圆形。方形茶几给人稳重实用的感觉，使用面积比较大，而且比较符合使用习惯，通常适合中式风格、美式风格、欧式风格家居。圆形茶几小巧灵动，更适合打造一个休闲空间。在北欧风、现代风以及简约风家居中，圆形茶几为首选。

茶几还分为双层和单层。如果有一对或几对单人位沙发，可以选单层茶几，不显得过于复杂和突兀。如果用双人沙发、三人沙发，并且茶几不单只想用来放放茶具、书籍等，还想让它更具实用功能，则可以选购双层、三层或带抽屉的茶几，等于为客厅多准备了一个收纳空间。

▲ 单层茶几

▲ 双层茶几

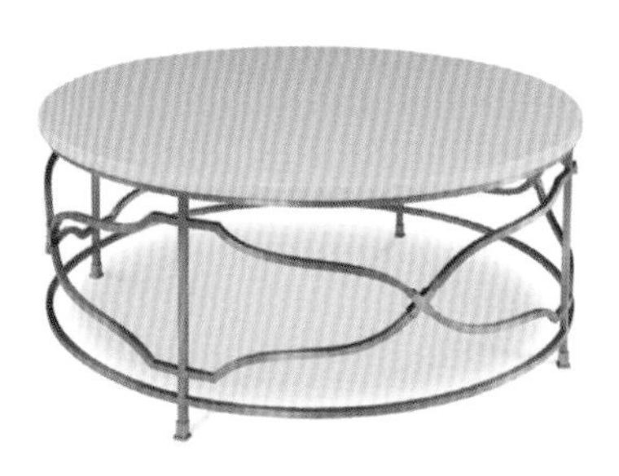

▲ 圆形茶几

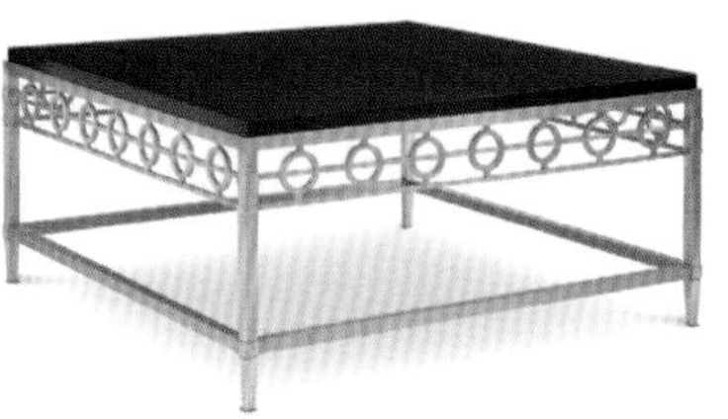

▲ 方形茶几

五、边几陈设

边几是客厅中比较常见的一种家具，它一般都是正方形或者圆形，摆放在两个沙发之间，既可以在上面摆放一些小东西，也可以作为装饰物出现。

1. 边几功能与尺寸

边几的主要作用是填补空间，常用在沙发和茶几间的空隙。小户型客厅中经常选择边几代替茶几放置物品，例如台灯、手机、杂志等。它的摆设取决于空间的大小，若挑选得好，与沙发搭配和谐，更加具有装饰作用；如果放一盏台灯，就能增加空间气氛，用途十分广泛。

边几是能为客厅增添魅力的家具，有需要时就能马上移位置来使用。所以要方便使用，通常桌面不应低于最近的沙发或椅子扶手 5cm 以上，高度一般在 70cm 左右，不同高度可以搭配出不一样的效果。

▲ 边几高度尺寸

2. 常见边几类型

边几通常分为储物型和装饰型两种类型。

储物型边几带有明显的储物功能，抽屉的使用可以摆放一些小的物件，台面位置无论是摆放精美台灯还是装饰花都是不错的选择。此类边几尺寸不宜过大，防止视觉效果过于笨重。

装饰型边几常见于欧式风格或现代风格中，搭配一些装饰线条，可以将整个空间氛围表达得很好。此类角几的实用性没有储物型角几好，仅可用台面和中空部分，但其装饰效果却大于储物型角几。

▲ 收纳型边几

▲ 装饰型边几

○○○ 第九节

柜类家具陈设

Furniture

柜类家具是装饰家居空间的重要配饰之一，因为它既可以做背景，也可以做主角；既有功能性，也有装饰性。如果空间中已经有了一套华丽的主角家具，可以选择相似或者无颜色倾向的柜子进行搭配；如果主体家具低调内敛，或略显平淡，应该多花一些心思在柜子色彩搭配和细节设计上，让它也成为房间的主体。

一、电视柜陈设

电视柜是客厅不可或缺的装饰部分，在风格上要与空间内的其他陈设保持协调一致。选择合适的电视柜不仅可以用于收纳，还能美化客厅，为家居空间增添光彩。一般美式风格都选择造型厚重的整体电视柜来装饰整面墙。选择合适尺寸的电视柜主要考虑电视机的具体尺寸，同时根据房间大小、居住情况、个人喜好来决定对电视机采用挂式或放置电视机柜上。

1. 电视柜常规尺寸

客厅电视柜尺寸

电视柜的尺寸首先要根据电视机的大小来决定。一般电视柜的长度要比电视机的宽度至少要长三分之二，这样才可以营造一种比较合适的视觉感，让人看电视时可以把注意力集中到电视机上面。同时，电视柜的尺寸需要与电视墙配合，两者要和谐。此外，因为家人看电视一般都会坐到沙发上，所以电视柜的高度要求在人坐上沙发后，视线与电视机的基点处在同一个水平位置，一般在 40~60cm 之间。

如果挑选非专用电视柜做电视柜用，70cm 高的柜子为高限，如果高于这个高度，容易形成仰视。

▲ 客厅电视柜尺寸

卧室电视柜尺寸

卧室电视柜的尺寸具体要根据卧室空间的大小而决定。例如一个 $12m^2$ 左右的卧室中，电视墙墙面宽度在 3~4m 左右，1.2~1.5m 的电视柜就比较适合。如果卧室比较小，那么电视柜可以适当缩小尺寸，以免空间显得拥挤。

为了满足电视机放在上面后与在床上看电视的视觉对应效果，卧室电视柜的高度通常会比客厅电视柜的高度相对高一些，一般来说，卧室电视柜的高度在 45~55cm 左右。

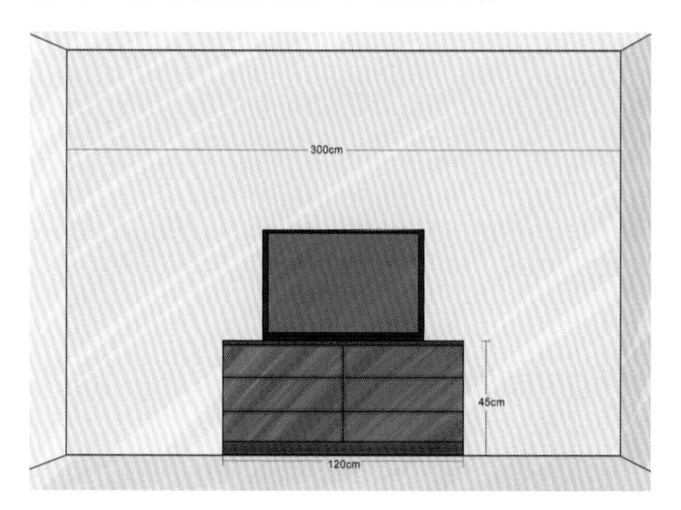

▲ 卧室电视柜尺寸

悬挂式电视柜

悬挂式电视柜最大的特点就是悬挂在墙上，与背景墙融为一体。更多的时候，悬挂式电视柜的装饰作用超过了实用性，并且使得整个空间环境变得宽敞起来。有些悬挂式电视柜还兼具收纳柜的作用，既节省了空间，又增加了储物能力。但悬挂电视柜由于其空间特性，载重量不如立式电视柜，因而在悬挂式电视柜上最好不要摆放过多的饰品或者杂物。

2. 常见电视柜造型

矮柜式电视柜

矮柜式电视柜是家居生活中使用最多、最常见的电视柜，根据摆放电视机那面墙的长度以及房间的风格，有很多种样式可供选择。矮柜式电视柜的储物空间几乎是全封闭的，而且方便移动，无论是放在客厅还是卧室中，只占据极少的空间就能起到很好的装饰效果。

组合式电视柜

组合式电视柜的特点是可以和酒柜、装饰柜、地柜等家居柜子组合在一起，虽然比较占用空间，但具有更实用的收纳功能。可以采用定做组合柜的方式将客厅空间合理地规划，使其面积最大化利用起来。定做之前应先仔细测量客厅面积，根据整个空间，明确组合柜的摆放位置和尺寸大小。

隔断式电视柜

以隔断式的电视柜作为背景墙，既划分了功能区，又与整个空间融为一体，隔而不断，可谓是个一举多得的布置，另外也在视觉上起到了扩大空间面积的作用。

 二、玄关柜陈设

玄关柜的功能十分强大，并且在房间装饰中发挥着画龙点睛的作用。

现代风格玄关柜造型简洁，线条流畅，搭配相同风格的摆件、台灯或花艺，能起到很好的装饰作用。

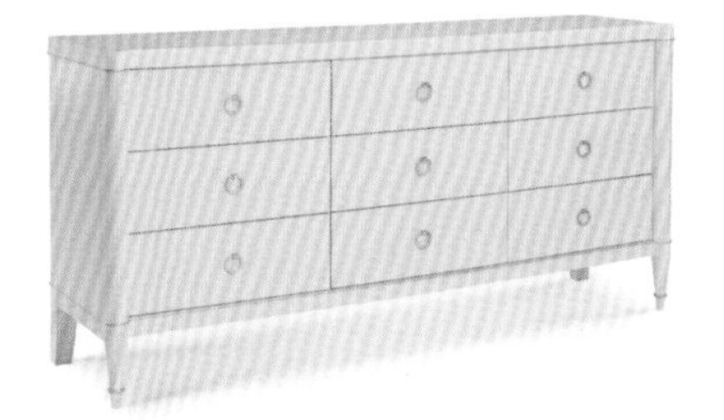

▲ 现代风格玄关柜

新中式风格玄关柜既简洁大方又不失古韵之美，可选择带有回纹、云纹等图案的柜体，更好地体现传统文化。装饰柜上的空间，一般搭配水墨画、瓷器等，并可放置一些绿植，丰富视觉效果。

▲ 中式风格玄关柜

美式风格的家居以功能性和实用舒适为选择的重点。颜色丰富、造型别致的多斗橱是体现自由、随意的不二选择。桌面上可放置书籍、花器、摆件等作为装饰，使空间更舒适温馨。美式玄关柜不必精致，甚至些许瑕疵都是可以允许的，如做旧的柜体表面、斑驳的漆面等，恰恰体现了美式的粗犷和淳朴。

▲ 美式风格玄关柜

玄关柜从功能上通常分为入户玄关柜、过道玄关柜与客厅玄关柜。

入户玄关柜

入户玄关柜是放置鞋子、包包等物品的地方，具备一定的储物功能。通常都会放在大门入口的一侧，具体可以根据大门的推动方向，也就是大门开启的方向来定。一般柜子应放在大门打开后空白的那面空间，而不应藏在打开的门后。

入户玄关柜不建议选择顶天立地的款式，做个上下断层的造型会比较实用。将单鞋、长靴、包包和零星小物件等分门别类，同时可以有放置工艺品的隔层，上面可以陈设一些小物件，如镜框、花器等提升美感，给客人带来良好的第一印象。

过道玄关柜

过道尽头的空间常放置玄关柜来丰富空间，一般搭配挂画、摆件、画框等装饰，可以塑造曲径通幽的意境。为避免空间显得局促拥挤，过道玄关柜并不以收纳为主要功能，选择一两件足矣，样式要精致，并与整体风格协调搭配。

有时候，在过道整体背景环境色较轻的情况下，可以考虑采用颜色较重一些的玄关柜将整个空间的重心压住，形成较好的视觉层次感。这样的处理不但能将家具和空间环境很好地融合在一起，而且在气质上也会有很大程度上的提升。

客厅玄关柜

客厅玄关柜也可叫做隔厅柜，一柜多用，不但能发挥隔离空间的作用，使客厅与其他功能区完美过渡，又具备一定的储存功能，同时可以搭配放置一些装饰物或书籍，既美观又不单调，视觉效果更为和谐。

隔厅柜也可以选择与整体风格统一的组合柜体，但要以不影响功能区之间的采光为前提。

三、餐边柜陈设

餐边柜也是收纳柜中的一种，一般是放置在餐厅中，具有较大的储物空间，主要放置家中的一些碗碟筷、酒类、饮料类，以及临时放汤和菜肴用，也可以放置家中客人的各种小物件，方便日常存取。

餐边柜可以提升餐厅的颜值，成为就餐时一道赏心悦目的风景。因餐桌与餐边柜不可分割，所以挑选餐边柜要同款配套，或与餐桌的材质和颜色相近。柜面上还可搭配适量的摆件，如花器、酒瓶等。

1. 餐边柜常规尺寸

餐边柜摆设的位置和尺寸很重要，一般柜深不宜太大，否则会过多占用空间，

餐边柜的尺寸应根据餐厅的大小进行设计，长度可以根据需要制作，深度可以做到 40~60cm，高度 80cm 左右，或者高度可以做到 200cm 左右的高柜，又或者直接做到顶，增加储物收纳功能。

▲ 餐边柜常规尺寸

2. 常见餐边柜类型

低柜式餐边柜

降低视觉重心的低矮度家具，具有放大空间的效果，使空间的视野更加开阔。这类餐边柜的高度很适合放置在餐桌旁，柜面上的空间还可用来展示各类照片、摆件、餐具等。

半高柜式餐边柜

半高柜形式收放自如，中部可镂空，沿袭了矮柜的台面功能。上柜一般做成开放式，比较方便常用物品的拿取。

隔断式餐边柜

如果餐厅与外部空间相连，整体空间不够大，又希望把这两个功能区分隔开来，可以利用餐边柜作为隔断，既省去了餐边柜摆放空间，又让室内更具空间感与层次感，避免空间的浪费。

整墙式餐边柜

一柜到顶的设计利用了整面墙，不浪费任何空间，大大增加收纳功能。上下封闭，中间镂空，根据需求可以有多种形式设计。空格的部分缓解了拥堵感，可以摆设旅游纪念品和小件饰品；其他的柜子部分能存放就餐需要的一些用品。

嵌入式餐边柜

嵌入式设计最能节省空间，把柜体嵌入墙体，统一美观，或者把餐桌嵌入餐边柜。如果客厅空余墙面有限或有凹位墙，可以选择这种类型的餐边柜，占地面积有限，但是储物能力丝毫不差。

3. 餐边柜风格搭配

餐边柜的风格要与家居整体风格相协调。

欧式餐边柜不仅造型美观，线条优美，细处的雕花、把手的镀金都是体现工艺的亮点。

▲ 欧式风格餐边柜

中式餐边柜的选材上以全实木为主，橡木、樱桃木、桃花芯木、檀木、花梨木等都是不错的选择，色彩上也以原木色为主，体现木材自然的纹理和质感。

▲ 中式风格餐边柜

现代风格餐边柜可以选择一些冷色调，以大面积的纯色为主，增加金属材质、烤漆门板等新材料的运用。

▲ 现代风格餐边柜

 四、床头柜陈设

床头柜作为卧室家具中不可或缺的一部分，不仅方便放置日常物品，对整个卧室也有装饰的作用。选择床头柜时，风格要与卧室相统一，如柜体材质、颜色，抽屉拉手等细节，也是不能忽视的。床头柜通常搭配同风格的台灯，美观又实用，更可配以简单的花器和花束，丰富空间色彩，使卧室看起来更加温馨、舒适。

1. 床头柜常规尺寸

通常，床头柜的大小占床七分之一左右，柜面的面积以能够摆放下台灯之后仍旧剩余 50% 为佳，这样的床头柜对于家庭来说才是最为合适的。床头柜常规的尺寸是宽度 40~60cm，深度 30~45cm，高度则为 50~70cm，这个范围以内的是属于标准床头柜的尺寸大小。

一般而言，选择在长度 48cm、宽度 44cm、高度 58cm 的床头柜就能够满足人们对于日常起居的使用方面的需求。如果想要更大一点的尺寸，则可以选择长度 62cm、宽度 44cm 以及高度为 65cm 的床头柜，那样就能够摆放更多的物品。

床头柜的高度应该与床的高度相同或者稍矮一些， 常见的高度一般为 48.5cm 及 55cm 两种类型。如果觉得床头柜高一点更加合适，那么尽量选择一个床头柜，并且在床头柜上布置一些装饰物。

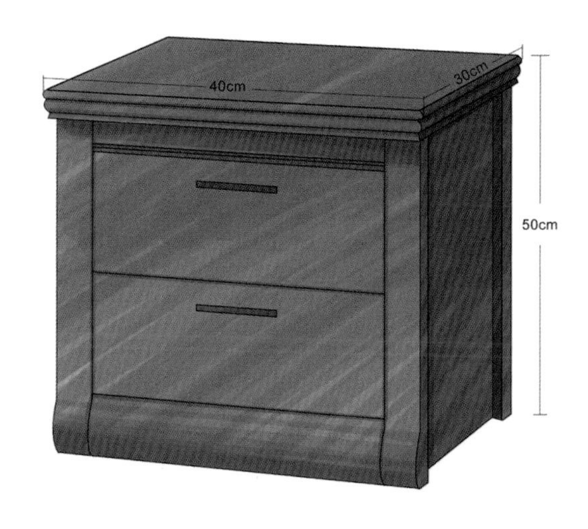

▲ 床头柜常规尺寸

▲ 圆形的封闭式收纳床头柜在实用的同时还具有很强的装饰感

▲ 带多个陈列搁架的床头柜

2. 床头柜选择要点

如果床头柜放的东西不多，可以选择带单层的床头柜，不会占用多少空间；如果需要放很多东西，可以选择带有多个陈列格架的床头柜，陈列格架可以摆设很多饰品，同样也可以收纳书籍等其他物品，完全可以根据需要再去调整；体积大一些的房间可选择封闭收纳式床头柜；如果房间面积小，只想放一个床头柜，则可以选择设计感强烈的款式，以减少单调感。

▲ 造型简洁的单层床头柜

五、衣柜陈设

衣柜是卧室中比较占位置的一种家具。衣柜的正确摆放可以让卧室空间分配更加合理。布置时，应先明确好卧室内其他固定位置的家具，根据这些家具的摆放选择衣柜的位置。

1. 衣柜常规尺寸

无论是成品衣柜还是现场制作的衣柜，进深基本上都是60cm；成品衣柜的高度一般为240cm，现场制作的衣柜一般是做到顶，充分利用空间；衣柜的宽度具体要看所摆设墙面的大小。这个尺寸符合大多数家居室内衣柜摆放的要求，也不会由于占据空间过大而造成室内拥挤或是视觉上的突兀。

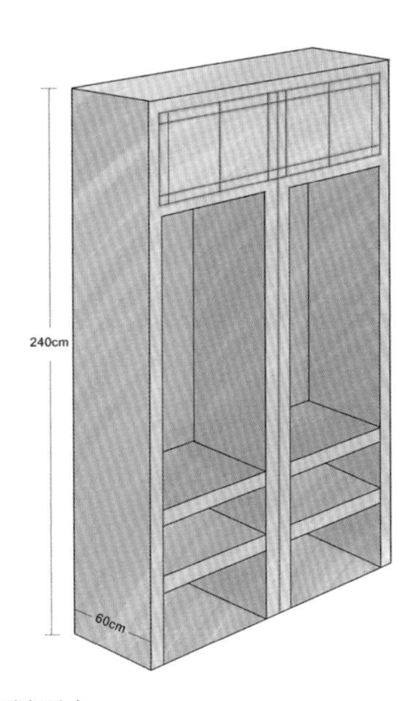

▲ 衣柜常规尺寸

2. 衣柜设计形式

嵌入式衣柜

在装修卧室的时候，可以将衣柜嵌入到墙体当中，让衣柜成为房间的一部分，和房间成为一个整体，更加和谐一致。嵌入到墙面中的定制衣柜，其最大优势在于形式灵活，可以根据空间的实际情况加以变化，最大程度地利用了卧室空间，特别是对于房间形状不规则的卧室，具有最大的收纳优势。

成品式衣柜

对于以后可能搬家的家庭来说，选择专业厂家生产的成品衣柜是一个不错的选择。可以请专业的衣柜厂家上门测量定做，完成以后再搬入卧室当中。成品衣柜的优点是污染少，移动灵活，衣柜内部设计可以根据业主的具体需要定做，人性化程度高；从外观上来说，也容易和卧室中的床、床头柜等风格保持一致。

隔断式衣柜

在面积达到 $40m^2$ 的卧室内，如果四周都有窗子，可以在床的一侧制作顶天立地的衣柜当作隔断，既能储存衣物，又能分割区域，形成一定的私密空间。隔断式衣柜可以采取双面开门的设计，方便物品取用。大面积的移动门框架一定要稳固，进口品牌的衣柜一般都有此类产品。柜体的颜色不要与其他装饰形成太大反差，否则会失去整个空间的色彩平衡感。

3. 常见衣柜类型

推拉门衣柜

推拉门衣柜也叫移门衣柜，是将衣柜柜体嵌入墙体到顶成为家居装修的一部分。推拉门衣柜的特点是简洁明快，比较适合家居户型面积相对较小的家庭。推拉门衣柜又分为内推拉门衣柜和外推拉门衣柜。内推拉门衣柜是将衣柜门安置于衣柜内，个性化较强烈，而且容易融入家居环境；外推拉门衣柜则相反，是将衣柜门置于柜体外，可根据家居环境结构及个人的需求来量身定制。

平开门衣柜

平开门衣柜在传统的成品衣柜里比较常见，靠衣柜合页将门板与柜体连接起来。这类衣柜档次的高低主要是看门板用材、五金品质两方面，优点是比推拉门衣柜价格便宜，缺点是比较占用空间。

折叠门衣柜

折叠门在质量工艺上比移门要求高，所以好的折叠柜门在价格上也相对贵一些。这种门比平开门相对节省空间，又比移门有更多的开启空间，可对衣柜里的衣物一目了然。一些田园风格的衣柜也经常以折叠门作为柜门。

开放式衣柜

开放式衣柜也就是无门衣柜，呈开放式。开放式衣柜的储存功能很强，而且比较方便，比传统衣柜更时尚前卫，但是对于家居空间的整洁度要求也非常高。

在设计开放式衣柜的时候，要充分利用卧室空间的高度，要尽可能增加衣柜的可用空间，经常需要用到的物品，最好放到随手可及的高度，换季物品应该储存在最顶部的隔板上。

4. 衣柜摆设方案

床边摆设衣柜

房间的长大于宽的时候，在床边的位置摆设衣柜是最常用的方法。在摆放时，衣柜最好离床边的距离大于一米，这样可以方便日常的走动。

床头摆设衣柜

面积不大的卧室床头背景，经常会考虑将床与衣柜做成一体的方式，去除了两侧的床头柜，形成了一个整体的效果。这种衣柜有很多种组合，但是需要注意的是，在前期对衣柜进行设计时，预留床的宽度时需要考虑床靠背的宽度，因为有些美式床的靠背一般会比床架宽一些，以免以后放不进。

床尾摆设衣柜

如果卧室左右两边的宽度不够，或者隔壁的主卫与卧室之间做成半通透的处理，这样常规的位置就做不下衣柜了，建议考虑把衣柜放在床尾位置，但要特别注意移门拉开来以后的美观度。可以考虑做些抽屉和开放式层架，避免把堆放的衣物露在外面。尺寸上保证柜门与床尾之间的距离在 80cm 左右即可。

六、书柜陈设

书柜在软装设计中已经不仅仅是放置书籍、杂志的地方，同时它还起到装饰的作用，配上精美和古典的书籍，往往能显示居住者儒雅的气质。因此，选购一个高端、大气、上档次的书柜显得尤为重要。

1. 书柜位置的选择

房间比较多的家庭，通常会单独设立书房。而对于大多数房间不多的住宅，书房通常与客房或者其他功能房合一，满足多样化的使用需求。

在只有两房或者居住人数较多的住宅中，多数家庭会选择将书柜放置在儿童房。因为儿童本身有大量的书本收纳需求，家长的图书可以顺带一起收纳。对于空间太小的家庭，甚至可以利用客厅的电视墙、沙发背景墙、过道设计书柜。用书柜作为书房和客厅之间的隔断，也是一种充分利用空间的方法。

有些大户型住宅会考虑在客厅等公共空间设计书柜，一方面可以满足大量收纳的需求，另一方面可以体现居住者的文化内涵，不过这样的书柜更重视外观设计。

还有些住宅将书柜放在卧室中，像欧美家庭一样，利用床头的背景墙，做成整面收纳书柜，使得床头阅读更加方便。这种可以提高空间利用率的方式，越来越受到小户型居住者的喜爱。

▲ 顺着阁楼的建筑特点依势设计书柜

▲ 利用卧室床头位置设计书柜可以提高空间利用率

▲ 利用书柜作为隔断，划分不同的功能区

▲ 在客厅中设计书柜更能彰显居住者的文化内涵

▲ 两居室的户型可以把书柜设计在儿童房中

2. 书柜造型选择

设计书柜时，首先会考虑造型要怎么选择。造型取决于空间的大小和居住者的需求。一般来说，通常将书柜造型分为三大类：一字形书柜、不规则书柜、对称式书柜。

一字形书柜

这类书柜造型简单，由同一款式的柜体单元重复而成。这样的设计通常比较大气稳重，适合比较大、开放的空间，也适合用来营造居住者的文化品位。

不规则书柜

这类书柜造型简单，由同一款式的柜体单元重复而成的。这样的设计通常比较大气稳重，适合比较大、开放的空间，也适合用来营造居住者的文化品位。

对称式书柜

这类书柜通常有一个中轴线，成左右对称。这个中轴线可以是柜体本身，但多数情况下会是一张书桌。对称设计常在小空间中发挥优势，容易凸显秩序，又能更提高空间利用率。

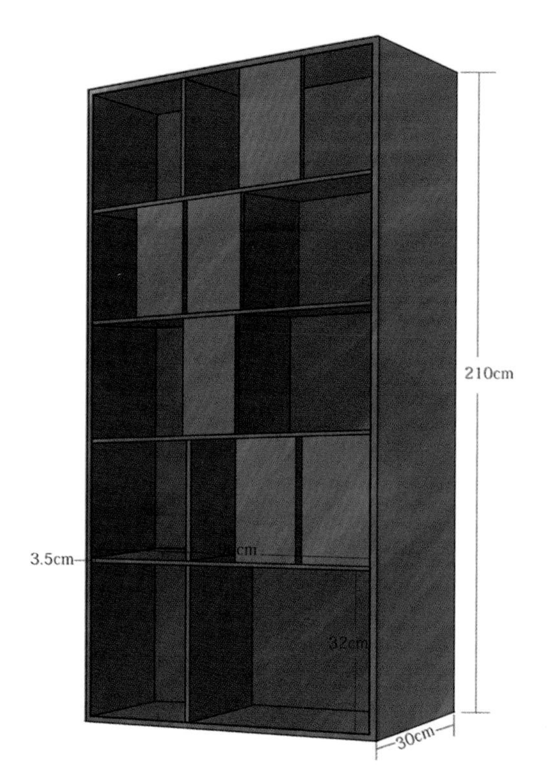

▲ 书柜尺寸

3. 书柜尺寸选择

书柜设计以开放和隐蔽为最佳，但需留意比例上的分配，才不会让书柜显得杂乱又笨重。对于一般家庭，210cm 高度的书柜即可满足大多数人的需求；书柜的深度约 30~35cm，当书或杂志摆好时，这样的深度能留一些空间放些饰品；由于要受力，书柜的隔板最长不能超过 90cm，否则时间一长，容易弯曲变形。此外，隔板也需要加厚，最好在 2.5~3.5cm 之间。书架中一定要有一层的高度超过 32cm，才可摆放杂志等尺寸较大的书籍，但不建议做过小的格层，因为正常高度可摆放一般书籍和小尺寸的书籍，但过低矮的高度却无法改变尺寸，实用性并不高。

以人体工学而言，超过 210cm 以上的书柜高度较不易使用，但以收纳量来讲，当然是越高放得越多。可考虑将书柜分为上、下两层次，常看的书放在开放式柜子上，方便查阅和拿取；不常看或收藏的书放在下层，做柜门遮盖，能减少在行走及活动时扬起的灰尘或是碰撞。

书架做到顶并不适合拿取收纳，因为超过人体工学的便利性，但如果藏书量很多，书架至顶就有其必要性，但必须依照使用性质分类摆放。通常最上层的书籍属于不用的书籍，它的不便利已经超过蹲下来的使用方式，只能当作收藏或储物使用了。由于偶尔还是会有用到的时候，不妨设计一个梯子，方便拿取过高的书籍。

▲ 开放式与柜门式结合的书柜更加具有实用功能

○○○ 第十节

椅凳类家具陈设

Furniture

一、单人椅陈设

单人椅因其圈背造型的不同，在空间的运用上也有不同的功能用途：高背式单人椅适合居家使用，能传递出休闲轻松的居家氛围；流线造型、色彩对比强烈，具有强烈视觉美感的单人椅十分适合单身贵族或工作室；个人风格强烈的休闲椅、躺椅、摇椅，适合置放在空间一角或阳台，作为心情的转换站。

1. 常见单人椅经典款式

温莎椅

温莎椅是乡村风格的代表，椅背、椅腿、拉挡等部件基本采用纤细的木杆旋切而成，椅背和座面充分考虑人体工程学，具有很好的舒适感，因此，温莎椅以自己的独特性、稳定性、时尚性、耐用性等特点历经 300 年而长盛不衰。

伊姆斯椅

伊姆斯椅是由美国的伊姆斯夫妇于 1956 年设计的经典餐椅。灵感来自于埃菲尔铁塔，以简洁的弧线造型、多变的色彩、舒适的实用性，至今仍备受人们喜爱，并不仅仅是用在餐饮空间，在简约风或北欧风格等现代风格中甚至作为单椅使用。

中国椅

汉斯·瓦格纳在1949年设计了“中国椅”。之所以称之为中国椅，是因为该椅的设计灵感来源于中国圈椅，从外形上可以看出是明式圈椅的简化版，半圆形椅背与扶手相连，靠背板贴合人体背部曲线，腿足部分由四根管脚枨互相牵制，唯一明显的不同是下半部分，没有了中国圈椅的鼓腿彭牙、踏脚枨等部件，符合其一贯的简约自然风格。

孔雀椅

孔雀椅是著名丹麦设计师汉斯维纳的代表作，椅背以多条木杆制成，形似孔雀，因而得名。而其采用编制方式制作，也是一个很重要的特点。这种椅子在东南亚地区非常常见，一般用竹子、藤编制，很随意，但是也很典雅，它也是很典型的一种屋外用椅。

幽灵椅

幽灵椅以透明聚碳酸酯这种特殊材料制成，赋予椅子全新的视觉感官。整个骨架都以半透明的方式呈现，颠覆了传统家具制作方式和设计理念，充满反叛感，营造出简洁、空灵、怪异等特殊感觉。

潘顿椅

潘顿椅也被称作美人椅，它是全世界第一张用塑料一次模压成型的S形单体悬臂椅。潘顿椅外观时尚大方，有种流畅大气的曲线美，其舒适典雅符合人体的身材。同时，潘顿椅的色彩也十分艳丽，具有强烈的雕塑感。

Z形椅

Z字形休闲椅子是著名设计师里特维德在1934年设计的，突破以往一般椅子的椅腿造型，以4块平板的搭配以及燕尾榫的接合方式营造出一种Z字形的极简设计，外观就像一个优美的舞者在跳着华丽的舞姿，而且非常节省空间。

蚂蚁椅

蚂蚁椅是现代家具设计的经典之一，因椅子头部酷似蚂蚁头，而被命名为“蚂蚁椅”。蚂蚁椅从最初的三足发展到四足、没有扶手到增加扶手、单一色彩到多种色彩，简单的结构、优美的曲线与轻巧的造型自然是其能够经久不衰的重要因素。

鼓凳

鼓凳是中国传统家具之一。一般家里的家具都是方形，会感觉缺少变化，有一个圆形的家具，就会给居室里增添变化，视觉上非常舒服。

鼓凳一般分为木质鼓凳与陶瓷鼓凳，木质鼓凳通常颜色较深，常用于中式风格、东南亚风格居室；陶瓷鼓凳相对应用频率更高，绘有花鸟图案的陶瓷鼓凳不仅是新中式风格客厅中的点睛之笔，也常用于现代美式风格居室。

▲ 木质鼓凳

▲ 陶瓷鼓凳

2. 单人椅摆设重点

单人椅一般是客厅家具的一部分，摆完沙发之后，通常就是单人椅的配置，因为单人椅能立即在空间内营造出不同个性。主要座位区范围里的每张椅子，都要放在手能伸到茶几或边桌的距离内。

长方形的客厅内，单椅可以放置在沙发的左右两侧，但若左侧是门的入口，建议不要摆放单椅。正方形的客厅内，单椅摆放时只要不挡住动线就可以。和单人沙发、长沙发一起可按照三角形的方式摆放，单椅、单人沙发甚至跨出客厅空间的框线都不要紧，可以扩大空间感。

单人椅可以选择与沙发不同的颜色和材质，能有效妆点客厅彩度，活泼氛围。中小户型客厅中最常用的形式是一字型沙发配两张单椅，而且两张单椅也不要一样。

▲ 正方形客厅中，单人椅与沙发呈三角形布置

▲ 现代风格客厅中，单人椅的摆设位置通常比较随意

▲ 色彩鲜艳的单人椅往往能成为空间中的点睛之笔

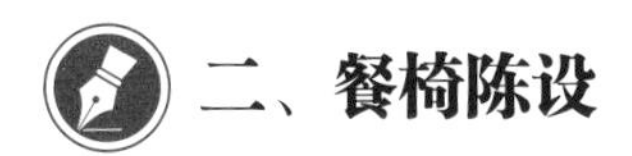

二、餐椅陈设

选择餐椅时不能仅凭外观就轻易购买，还要注意与餐桌的相同属性，最好有相同的形式，如果搭配得宜，就可以有画龙点睛的效果。成套的餐桌椅虽然是一个非常方便的方法，但并不一定是最适合家中的选择。

1. 餐椅常规尺寸

餐椅的座高一般为 45cm，宽度为 40~56cm 不等，椅背高度为 65~100cm 不等。餐桌面与餐椅座高差一般为 28~32cm 之间，这样的高度差最适合吃饭时的坐姿。

▲ 餐椅常规尺寸

2. 餐椅搭配要点

餐椅常见造型

餐椅的造型及色彩要尽量与餐桌相协调，并与整个餐厅格调一致。餐椅一般不设扶手，这样在用餐时会有随便自在的感觉。但也有在较正式的场合或显示主座时使用带扶手的餐椅，以展现庄重的气氛。

餐椅如果选择扶手，在就餐时可将胳膊放在上面，感觉会更舒适，如果餐厅空间较大，这是个比较好的选择。但注意，如果餐厅较小，就要确认扶手是不是会碰到桌面，如果碰到桌面的话，无法将餐椅推到桌子下面，就会更占用空间，不适宜选择。

▲ 不设扶手的餐椅表现出休闲自在的空间气质

▲ 设有扶手的餐椅比较有仪式感

餐椅材质选择

餐椅的舒适度由高度、材质、面料以及椅背和椅座的面积、柔软程度等方面决定。餐椅尽量避免金属和皮革质地。金属的冷峻会降低用餐时的温馨氛围。皮革属于贵重材质，用餐时难免会遇到泼溅的汤汁，以及各种各样油污，不易清洗。因此，木质餐椅是最稳妥的选择，坐垫可以用布艺装饰增加舒适感。

▲ 木质餐椅通常是餐厅的最佳选择

餐椅空间搭配

空间足够大的独立式餐厅，可以选择比较有厚重感的餐椅以与空间相匹配。

中小户型中的餐厅如果要增加储藏量，同时又希望营造别样的就餐氛围，可以考虑用卡座的形式替换掉部分的餐椅，结合混搭的餐桌，营造轻松惬意的就餐氛围。同时，卡座内部具有储藏功能，还起到了增强空间的收纳性的作用。

▲ 大空间中适合选择具有厚重感的餐椅

▲ 中小户型餐厅适合运用卡座的形式代替部分餐椅

三、吧椅陈设

吧台要想成为完美的景点，少不了吧椅的精心搭配。吧椅一般可分为有旋转角度与调节作用的中轴式钢管椅和固定式高脚木制吧椅两类。在选购吧台椅时，要考虑它的材质和外观，并且还要注意它的高度与吧台高度的搭配。

1. 吧椅常见类型

按照材料的不同，吧椅可以分为钢木吧椅、曲木吧椅、实木吧椅、亚克力吧椅、金属吧椅、塑料吧椅、布艺吧椅、皮革吧椅和藤制吧椅等。

按照使用功能的不同，吧椅可以分为旋转吧椅、螺旋升降吧椅、气动升降吧椅和固定吧椅等。

2. 吧椅常规尺寸

通常，吧椅的尺寸是要根据吧台的高度和整个酒吧的环境来定的。吧椅的样式虽然多种多样，但是尺寸相差都不是很大。一般可升降的吧椅可升降的范围是在 20cm 之间，具体根据个人的喜好来定。但是有时会因为环境的需要选择没有升降功能的吧椅。一般吧椅高度都是在 60~80cm 之间，吧椅面与吧台面应保持 25cm 左右的落差。

吧椅与吧台下端落脚处，应设有支撑脚部的东西，如钢管、不锈钢管或台阶等，以便放脚；另外，较高的吧椅宜选择带有靠背的形式，能带来更舒适的享受。

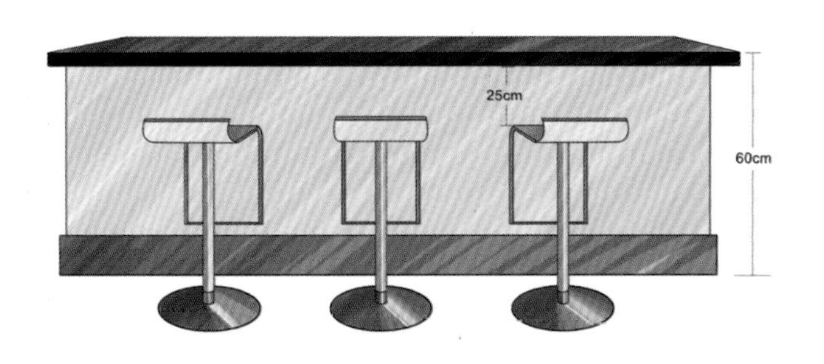

▲ 吧椅常规尺寸

四、床尾凳陈设

床尾凳的外形是没有靠背的一种坐具，一般摆放在卧室睡床的尾部，具有起居收纳等作用，最初源自于西方，供贵族起床后坐着换鞋使用，因此它在欧式的室内设计中非常常见，适合在主卧等开间较大的房间中使用，可以从细节上提升居家品质。

1. 床尾凳功能

床尾凳造型各异，方的与圆的都有，根据款式可分为：长凳、方凳、小圆凳、梅花凳等。

床尾凳具有较强的装饰性和实用性，除了具有彰显卧室贵族气质的装饰效果之外，还可以防止被子滑落，放置一些衣服。如果有朋友来，房间里没有桌椅，坐床上觉得不合适，也可以坐在床前凳上聊天。 对于追求浪漫的使用者来说，床尾凳可以拖到窗台边，坐在上面欣赏户外美景，或者作为长凳，坐在上面或者躺在上面看书、休息甚至小憩。

▲ 床尾凳可以用来摆设卧室中经常使用的物品

▲ 两个藤编坐墩造型的床尾凳营造质朴自然的氛围

▲ 两个矮凳组成的床尾凳移动方便，具有很强的实用性

2. 床尾凳常规尺寸

床尾凳的尺寸通常要根据卧室床的大小来决定，高度一般跟床头柜齐高，宽度很多情况下与床宽不相称。但如果使用者是为了方便起居的话，那选择与床宽相称的床尾凳比较合适。如果单纯将床尾凳作为一个装饰品，那么选择一款符合卧室装修风格的床尾凳即可，对尺寸则没有具体要求。

床尾凳常规尺寸一般在 1200mm × 400mm × 480mm 左右，也有 1210mm × 500mm × 500mm 以及 1200mm × 420mm × 427mm 的尺寸。

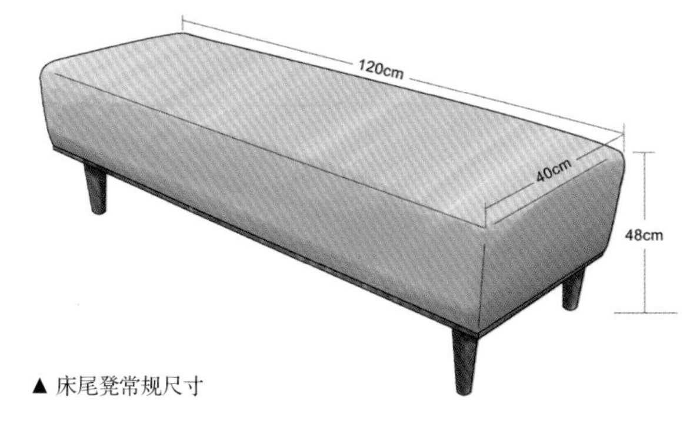

▲ 床尾凳常规尺寸

五、玄关凳陈设

在玄关区放置换鞋或者休息的凳子，特别适合家中有老人或者儿童的家庭。这种设计方式不但能满足实用功能，同时精心挑选的坐凳也可以配合整个玄关空间，显得别致出彩。

1. 玄关凳常规尺寸

换鞋凳的高度是以人的舒适性为标准来选购或是定制，通常 60~80cm 的高度最为舒适。使用者的身高不一致，坐的姿势的舒适度也不太一样。如果身高过高或是过矮的话，可以考虑定做凳子，如果觉得大众化的高度坐着也很舒服，购买成品换鞋凳比较方便。当然，有一种特殊的情况就是家庭中有小孩，这时可以考虑孩子的身高，在凳子的设计上做两个高低凳台面，一个供大人坐着使用，另一个低的凳面可以专用于孩子的换鞋。

换鞋凳的长度和宽度相对来说没有太多的限制，可以随意一些，一般的尺寸为 40cm × 60cm 较为常见，也有 50cm × 50cm 的小方凳或者 50cm × 100cm 的长方形换鞋凳。有些人选择较短的凳子是因为玄关空间有限，太长会影响到室内的美观，给人以狭窄之感。有些人选择较长的凳子是希望更好地利用凳子内部的收纳鞋子空间。

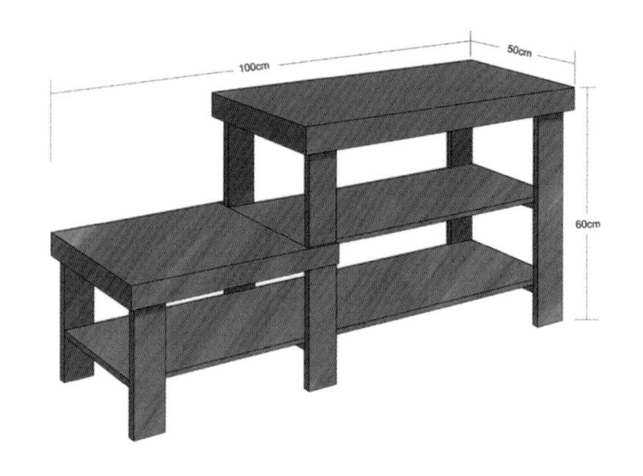

▲ 玄关凳常规尺寸

2. 玄关凳设计形式

嵌入式玄关凳

这种换鞋凳往往和衣柜、衣帽架等一体打造，嵌入墙体。由于需要定制，这样换鞋凳可以更加适应不同户型的需要。同时由于和其他功能区一体打造，也可以获得更高的空间利用率。

收纳式换鞋凳

户型不大的空间中，换鞋凳自带收纳，或者利用其他收纳器具作椅凳，是一种非常实用的做法。自带小柜子的换鞋凳足以收纳玄关的零碎物品，柜子台面还可以做一些装饰陈列；或者沿着玄关通道一侧墙面安一排矮柜，整个过道都能坐。

长椅式换鞋凳

如果玄关空间够大，或者收纳需求不多，换鞋凳就不需要考虑收纳功能，简单的一把长椅更有格调。当然，除了坐的功能之外，还需要加一些植物、摆件等作装饰，既避免太空，也让此处成为家中赏心悦目的一景，给到访的客人留下好印象。

○○○ 第十一节

家具陈设实战案例

Furniture

特邀软装专家

王拓

曾经就读于鲁迅美术学院环艺系及东北师范大学美术学院；菲莫斯软装集团联合创始人、设计总监及教学总监；博菲特软装设计公司设计总监；国际建筑装饰协会资深理事；香港美术家协会陈设委员会主任；2016 年、2017 年中国室内设计年度杰出人物奖；从业 15 年，擅长传统文化与室内设计的结合，致力于室内设计人才之培养，独创了设计教育的新方法。

◎ **做旧家具与中式的融合**

多少年来，人们都在探讨着关于东方文化、西方美学的和谐统一。“无中式、不高端”则深深地烙印在许多西方设计师的思维中。本案以现代美式为风格基调，选配优雅的现代美式家具，其未经雕琢的做旧木作和东方花鸟纹样的四联立屏风巧妙地结合，自然形成了床头背景，把“轻装修，重装饰”的设计理念进一步升华。

◎ 复古家具表现艺术气息

本案运用红紫色与暖咖色系的中度对比，既体现出了女性的细腻妩媚，又充满了温馨的家居情怀。由于整体色调较暗，所以配饰以白色为主体色调，配合浅淡的灰色和蓝色；斑马纹的布艺床品，成为整体的色调视觉中心，俏皮而不失品位；柜子如东方样式的铆钉装饰低调而内敛，静静地诉说着关于昨天的故事，文艺复兴风格的石膏雕塑贯穿始终，又给观者以强烈的艺术气息。

◎ 家具与布艺的色彩对比

美国联邦帝国时期的装饰风格被称为美式新古典风格，它来自欧洲文化的精髓提炼，经典的款式搭配美洲特有的土著文化和原材料，形成了被称为平民化的欧式风格的美式风格。鉴于空间中家具的主体色调比较深沉，所以床品、布艺和背景色均采用米白色，对比强烈，比例和谐。设计师把“马”这一元素作为主体，贯穿到场景的每个细节，不经意间充满趣味，主题十分明确。

◎ 浓郁乡村气息的卧室空间

家本是一个放松心灵的地方，卧室则是具有强烈私人属性的休息空间。本案营造了一个无比自然浪漫的休息环境，巧妙地通过大面积的落地窗引入室外的景色。窗帘和墙面设计成一样的颜色，仿佛浑然一体，布艺的布置也是随意自然，仿佛刚刚还有人睡卧其间，生活气息油然而生。壁炉上的镜子作为窗户的室内延伸，形成了有效呼应。

◎ 中西文化的完美交融

本案结合了巴洛克和洛可可的元素特点，经过现代工艺和材料的重新设计，形成了全新的设计理念。床头设计成三角形显得并不那么厚重，同时也配合了床幔的流线，床幔来源于法国宫廷，经过重新设计，既可以装饰，又保护了隐私。蓝色、蓝紫、红紫、红色过渡自然柔和，黑色烤漆则有效稳定了空间，时尚庄重。床头的花卉背景、陶瓷的台灯、靠包上的丝绸刺绣，彼此呼应，并不突兀，很好地把中西文化结合在了一起。

◎ 利用家具布置化解户型缺陷

本案的顶面情况并不十分理想，比较零碎，但是设计师却巧妙地按照顶部原来的布局，利用家具布置划分出三个不同的功能空间：斜顶起脊的部分设计为休息区，架子床则又虚拟成为一个更为私密的休息空间，让睡眠更加安稳。充分利用窗户良好的采光，安排了书桌区域。利用挑出的阳台，做半圆的沙发，形成一个相对独立的起居室。几处帘子的处理恰到好处。整体蓝色和灰色的配色低调、清新，搭配绿色的点缀，显得活力十足。

◎ 彰显自然与典雅气质

这是一个充满自然与典雅情怀的新古典风格卧室，直线造型的家具简约大气，精心设计的樟木拼花从银色浮雕莨苕纹样基座里脱颖而出，你中有我，甚是巧妙，灰蓝色的床头处理成不规则且略显随意的拉扣进行固定装饰，象征着年代的更替。为了配合银色的雕刻，床品大面积被设计为银色的丝绸质地，奢华而高贵，枕头上的中式花卉，让东方文化巧妙地结合到新古典风格中来，且并不做作。

◎ 黑白灰组合的视觉冲击

不同材质的黑白灰调，有机地结合到一起，虽无色彩，但还是具有非常强大的冲击力量，因为色彩对比强烈而显得醒目而夸张。浅色的背景下，简练的线条，黑色的主沙发格外醒目，暗藏在素色之下的隐藏花纹把面料细节的精致推到了高潮，充满趣味性的条纹组合踏和主沙发的靠包完美呼应，不规则矗立的巨幅油画，粗犷的笔触与精致的家具相得益彰，且毫无违和感，十分的和谐。

◎ 复原内心深处的黑白

"黑白"到"彩色"是 20 世纪最为激动人心的跨越之一，如今人们早已习惯了色彩的浓烈、激情与华丽带来的刺激，"黑白"似乎变成了记忆深处的东西。本案创造性地把人们内心对于"黑白"的记忆复原，利用黑白灰的层次关系，犹如一张老照片，立体地呈现在你的面前。家具的造型复古而提炼，与墙上的老照片相映成趣，正在娓娓道来关于"黑白"的记忆。金色和红色作为点睛之笔，比例恰到好处，让我们思考对于过去和现在与未来之间那微妙的联系。

◎ 对称和谐中的巧妙对比

视觉中心是一款仿罗汉床款式的多人沙发，以此为中轴逐步向两侧扩展开来。两侧仿宫灯形态的落地灯，好客，热情。单人沙发则取材于传统的中式圈椅，软包的处理让它更加舒适。来自近景的低矮的绣墩，让空间层次更加分明。家具的面料采用丝质，精致而奢华，和具有年代感的做旧的绣墩形成了鲜明的对比，仿佛穿梭于历史时空之中。由于整个空间采用相对较为深沉的木色，所以在主体家具的面料选择上，均采用浅淡的米色，用以调节色彩的平衡。

◎ 统一中出现细节变化

此家居布局采用的是对称式纯会客模式，追求古典的比例结构的审美标准。家具采用现代美式风格，并且摒弃了奢华的绒布和丝绸，采用柔和棉麻质地，更加亲切自然，虽然整体布局是全部对称的。为了在统一中有细节的变化，左右的靠包虽然数量和款式一致，但是面料上有了较大的变化，左右的边几虽然采用同样的材质，但却是不同的款式。

◎ 围合形式的家具陈设

沙发采用的是四周围合的布局，既可以多人会谈，又形成了多个独立的会客区域，满足多人多组的会谈需求。软装风格则是采用复兴古典主义，保留少量精致的线条，摒弃了大量纯装饰元素。面料采用天鹅绒和绸缎，高贵精致，暗花的纹样来自古典元素，富于底蕴且并不张扬。黑色和金色是最醒目的配色之一，在黑白灰的背景下，奢华、稳重又低调而内敛。夸张造型的落地灯静静地矗立，仿佛在讲述关于这个空间曾经的故事。

◎ 尽显奢华与典雅

本案由重新演绎的新古典风格与现代风格混搭而成，细节处彰显精致，金色的出现贯穿始终，优雅的白色多立克柱式的围合，确立了背景墙作为视觉中心的地位。蓝紫色温馨而明媚，金色则尽显奢华与典雅。雕刻体现了悠久的年代和底蕴，与粗犷的砖墙对比，冲突强烈，引发人们的思考。看似风格各异的挂画，通过恰到好处的比例关系和谐地组合在一起，并不凌乱。

◎ 充满法式宫廷气息的家具布置

经典的元素是永远不会过时的，本案灵感来源于路易十五时期的洛可可风格。柔美的 S 曲线高贵而奢华，清新的水蓝色作为主色，活泼而浪漫。洛可可风格大量融合和借鉴了很多的东方元素，如绸缎、瓷器以及东方纹样。中轴对称的布局是古典风格和现代风格的最大区别，壁炉上的镜面既延伸了空间，又具有很强的装饰性，且富于变化，置身其中，仿佛就能回到那个充满享乐主义的法国宫廷时代。

◎ 后现代风格中的新古典元素

后现代风格总是在看似平淡、古板甚至略带消极的空间中，刻意表现一种古典装饰元素的对比，夸张而冲突。它反对现代主义千篇一律、忽略地域、少就是多的设计理念。本案设计完全采用黑白灰的色彩基调，低调而不张扬，金色的出现又体现一种尊贵感，充分诠释了低调而奢华的概念。家具的款式来源于新古典风格，面料采用素面绒布和加丝的暗提花，现代感十足。沙发的涡卷以及茶几的球形腿，均提炼自古典元素。突然出现的复古风格单人椅子充满了矛盾与戏剧冲突，夸张的挂画在稳定空间的同时也有效地概括了主题。

◎ 家具随意陈设营造休闲氛围

本案家具的摆放看似略显凌乱，其目的是为了营造更为随意的交流环境，所以墙面的处理采用了古典风格中常用的对称式处理手法，平衡空间。家具的样式来源于新古典风格的经典款式，经过现代设计的提炼与浓缩，线条和雕刻都刻意简化，自由的摆放形式让整个会谈气氛融洽而亲近，休闲而舒适。壁龛的设计节省了空间，又形成了陈列收纳。

◎ 小空间中的家具陈设

本案的空间面积其实并不宽裕，且又十分狭长，但是设计师很好地利用了动线关系进行了合理的布局，并且形成了两个功能区域——餐厅和客厅。由于空间有限，用色适宜浅淡，冷色独具的扩张特性，也起到了扩充空间的作用。餐边柜为了适应圆形餐桌，特意设计成中间凹进的样式，充分利用了空间。茶几既可以摆放物件，又可以作为脚踏使用，都是为了迎合小空间所做出的针对设计。

◎ 一幅旅行的主题画卷

生活其实是由无数个节点所组成，就像一个一个箱子，装载着关于过去不同的记忆，人生又何尝不是一场旅行，收集过往，不断前行。本案通过皮革、旅行箱、铆钉等元素营造出一幅关于旅行的主题画卷。书柜像很多箱子堆砌在一起，白色和黑色相间。办公桌大气简约，铆钉的装饰让细节处理更加饱满，皮革则给人结实的感觉。

◎ 自然与纯净的空间氛围

远离都市环境的喧嚣、工作中的烦恼以及生活带来的压力，田园生活是每个人近乎苛求的向往。本案通过小小的餐厅一角，力图营造一种世外桃源的生活氛围。整体色调均采集于自然，蓝绿色的墙面配合白色的墙板和配饰，是那么的干净整洁。纯木的天然质感，丝毫没有雕刻，显得轻松自在，犹如儿时的质朴。餐边柜采用和墙面一样的蓝绿色系，不同的是采用做旧的形式以呈现出年代的痕迹。黄色作为搭配的主体色，很好地衬托出蓝绿色的自然与纯净，给向往自然的居住者一个休闲的港湾。

◎ 银色时代的回忆

20 世纪最伟大的发明之——电影，大大拓展了人们观察世界的视角，那银色的梦幻和鎏金的岁月，是我们无比向往的年代。本案设计力图运用色彩元素的搭配，来复原人们对于那个银色时代的记忆。所有的餐椅采用银色和黑色的结合，带来胶片般的质感，餐桌则采用了金色，并配合着银色的细节，彰显金色年华的同时，亦很好地呼应了餐椅的色调。金银两色同处一室丝毫不觉得突兀，全因为色彩呼应和比例的恰到好处。

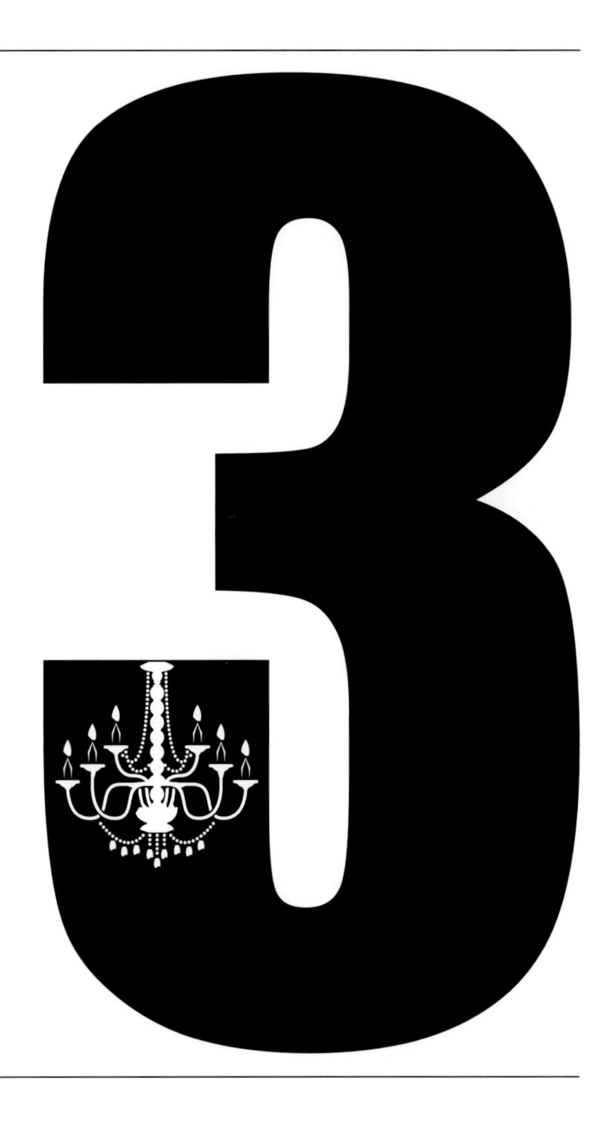

DECORATION BOOK

第三章
软装灯饰照明设计

LIGHTING

○○○ 第一节

灯饰照明原则

Lighting

灯饰是软装设计中不可或缺的内容，虽然除了大吊灯之类比较奢华大气的灯饰外，一般而言，灯饰看上去很小，但它的作用却很重要。现代软装设计中，出现了更多形式多样的灯饰造型，每个灯饰或具有雕塑感，或色彩缤纷，在选择的时候需要根据空间气氛要求来决定。

一、事先进行规划

不同的照明技术和照明效果组合在一起，可以使同一个房间产生不同的氛围，甚至于一种普通的台灯、一种常用的阴影类型，都将对灯光的类型和房间的气氛产生深刻的影响。要想完成一个成功的室内照明设计，需要进行仔细的预先计划。尽管确定一个吊灯和一对落地灯要比处理特殊的配线要求简单，但花这些额外的时间是很有必要的，而这个重要的步骤却常被忽视甚至忘记。在进行照明设计时，应该先考虑房间的功能及其使用者的要求。

▲ 合理的灯饰照明对于营造空间气氛起到至关重要的作用

二、整体统一搭配

只要做到款式、材料统一，灯饰的搭配就一定不会出错。若是两个台灯的组合，可考虑选用同款，形成平行对称；落地灯和台灯组合，最好是同质同色系列，外形上稍作差异变化，就能让层次更丰富。保持同一基调，又打破沉闷，这一原则同样适用于台灯与壁灯的组合选择。

▲ 同款的台灯组合对称平行摆设，容易形成整体感

三、实现风格一致

在一个比较大的空间里，如果需要搭配多种灯饰，就应考虑风格统一的问题。例如客厅很大，需要将灯饰在风格上做一个统一，避免各类灯饰之间在造型上互相冲突，即使想要做一些对比和变化，也要通过色彩或材质中的某一个因素将两种灯饰和谐起来。如果一种灯具在空间显得和其他灯具格格不入，是需要回避的手法。

▲ 落地灯与壁灯不仅在风格上形成统一，而且在色彩与图案上保持协调

四、恰当悬挂高度

灯饰的选择除了其造型和色彩等要素外，还需要结合所挂位置空间的高度、大小等综合考虑。一般来说，较高的空间，灯饰垂挂吊具也应较长。这样的处理方式可以让灯饰占据空间纵向高度上的重要位置，从而使垂直维度上更有层次感。

▲ 灯饰悬挂高度通常与空间高度成正比，挑高空间中的灯饰垂挂吊具也需相应加长

五、匹配相应亮度

从整体上而言，客厅要接待客人、书房要阅读、餐厅要就餐，这些都应该提供光线比较明亮的灯具，光源选择也较为自由；卧室的主要功能是休息，亮度则以柔和为主，最好使用黄色光线；厨房和卫浴间对照明的要求不高，不需要太多的灯具，前者以聚光、偏暖光为佳，后者在亮度相当时选择白炽灯会比节能灯更好。

▲ 卧室的灯光照明最好以温馨和暖的黄色为基调

六、考虑材质反射

在室内灯光的运用上，也要考虑到墙、地、顶面表面材质和软装配饰表面材质对于光线的反射。这里应当同时包括镜面反射与漫反射，浅色地砖、玻璃隔断门、玻璃台面和其他亮光平面可以近似认为是镜面反射材质，而墙纸、乳胶漆墙面、沙发皮质或布艺表面以及其他绝大多数室内材质表面，都可以近似认为是漫反射材质。

● 镜面反射材质

● 漫反射材质

七、正确选择灯罩

灯罩是灯饰能否成为视觉亮点的重要因素，选择时要考虑好是想让灯散发出明亮还是柔和的光线，或者想通过灯罩的颜色来做一些色彩上的变化。虽然通常选择色彩淡雅的灯罩比较安全，但适当选择带有色彩的灯罩同样具有很好的装饰作用。一款布艺灯罩可以给空间迅速提升活跃感，但选择的时候应观察整个房间里是否已经出现过很多花色繁复的布艺，否则选择素色的灯罩比较适合，在各类复杂的布艺里反而会更加突出。

▲ 彩色灯罩有时候可以成为素色空间中的点睛之笔

○○○ 第二节

常用照明方式

Lighting

巧妙的照明设计不仅可以为居住者带来更加安全舒适的居住体验，使整个空间看起来更加美观，还可以为生活增添情致和乐趣，根据不同的功能区域选择合适的照明方式是家居照明设计的重要环节。

一、一般式照明

一般式照明是为了达到最基础的功能性照明，不考虑局部的特殊需要，起到让整个家居照明亮度分布达到比较均匀的效果，使整体空间环境的光线具有一体性。一般式照明所采用的光源功率较大，而且有较高的照明效率。

例如客厅或卧室中的顶灯，达到的就是一般照明的效果。它可以使整个空间在夜晚保持明亮，满足基础性的灯光要求。

二、局部式照明

局部式照明是为了满足室内某些部位的特殊需要，设置一盏或多盏照明灯具，使之为该区域提供较为集中的光线。局部式照明在小范围内以较小的光源功率获得较高的照度，同时也易于调整和改变光的方向。这类照明方式适合于一些照明要求较高的区域，例如在床头安设床头灯，或在书桌上添加一盏照度较高的台灯，满足工作阅读需要。

在面积较大的空间中，局部照明区域通常不止一处，可以将多盏照明灯具分布在空间的多个局部，并起到装点空间的作用。但要注意，在长时间持续工作的台面上仅有局部照明容易引起视觉疲劳。

三、定向式照明

定向式照明是为强调特定的目标和空间而采用高亮度的一种照明方式，可以按需要突出某一主题或局部，对光源的色彩、强弱以及照射面的大小进行合理调配。在室内灯光布置中，采用定向照明通常是为了让被照射区域取得集中而明亮的照明效果，所需灯具数量应根据被照射区域的面积来定。

最常见的定向式照明就是餐厅的餐桌上方，一组吊灯的设计让视觉焦点集中在更加秀色可餐的食物上，同时营造出温暖舒适的就餐氛围。

四、混合式照明

混合式照明是由一般照明和局部照明组成的照明方式。从某个角度上来说，这种照明方式其实是在一般式照明的基础上，视不同需要，加上局部式照明和装饰照明，使整个室内空间有一定的亮度，又能满足工作面上的照度标准需要。这是目前室内空间中应用得最为普遍的一种照明方式。

混合式照明在大户型室内空间中经常会采用，这时就需要通过合理布局，让灯光层次富有条理，避免不必要的光源浪费。

五、重点式照明

重点式照明设计更偏向于装饰性，其目的是对一些软装配饰或者精心布置的空间进行塑造，可以让整个空间在视觉上形成聚焦，让人的眼球不由自主地注意到被照明的区域，达到增强物质质感并突出美感的效果。除了常用的射灯以外，线型灯光也能获取重点照明效果，但其光线比射灯更加柔和。

六、无主灯式照明

无主灯式照明是现代风格的一种设计手法，是为追求一种极简空间效果。但这并不等于没有主照明，只是将照明设计成了藏在顶棚里的一种隐式照明。这种照明方式其实比外挂式照明在设计上要求更高。装修时，首先要吊顶，要考虑灯光的多种照明效果和亮度、吊顶和主体风格的协调以及吊顶后对空间的影响。

无主灯不等于省了主灯，而是让主灯服从于吊顶风格达到见光不见形，并让室内有均匀的亮度，见光而不见源的效果。

○○○ 第三节

常见灯饰造型

▲ 吊灯兼具照明与装饰的双重功能

 一、悬吊式灯饰——吊灯

吊灯可以说得上是室内空间常见的灯具之一了，除了能够起到照明作用之外，同时还能起到很好的装饰效果。选购吊灯时，需要根据照明面积、需达到的照明要求等几个方面来选择合适的灯头数量。通常，灯头数量较多的吊灯适合为大面积空间提供装饰和照明；而灯头数量较少的吊灯适合为小面积空间提供装饰与照明。

1. 吊灯分类

从造型上来说，吊灯分单头吊灯和多头吊灯，前者多用于卧室、餐厅，后者宜用在客厅、酒店大堂等，也有些空间采用单头吊灯自由组合。不同吊灯在安装时离地面高度要求是各不相同的，一般情况下，单头吊灯要求离地面高度要保持在 2.2m；多头吊灯离地面的高度要求一般至少要保持在 2.2m 以上，即比单头吊灯离地面的高度还要高一些，这样才能保证整个家居装饰的舒适与协调性。

▲ 单头吊灯

▲ 多头吊灯

从安装方式上来说，吊灯分为线吊式、链吊式和管吊式三种。线吊式灯具比较轻巧，一般是利用灯头花线持重，灯具本身的材质较为轻巧，如玻璃、纸类、布艺以及塑料等是这类灯具中最常选用的材质；链吊式灯具采用金属链条吊挂于空间，这类照明灯饰通常有一定的重量，能够承受较多类型的照明灯饰的材质，如金属、玻璃、陶瓷等；管吊式与链吊式的悬挂很类似，是使用金属管或塑料管吊挂的照明灯饰。

▲ 链吊式

▲ 线吊式

▲ 管吊式

2. 吊灯风格

烛台吊灯的灵感来自欧洲古典的烛台照明方式，在欧式风格的装修中更能凸显庄重与奢华感。

▲ 烛台吊灯

水晶吊灯是吊灯中应用最广的，在风格上包括欧式水晶吊灯、现代水晶吊灯两种类型。

▲ 水晶吊灯

中式吊灯给人一种沉稳舒适之感，能让人们从浮躁的情绪中回归到安宁。在选择上，也需要考虑灯饰的造型以及中式吊灯表面的图案花纹是否与家居装饰风格相协调。

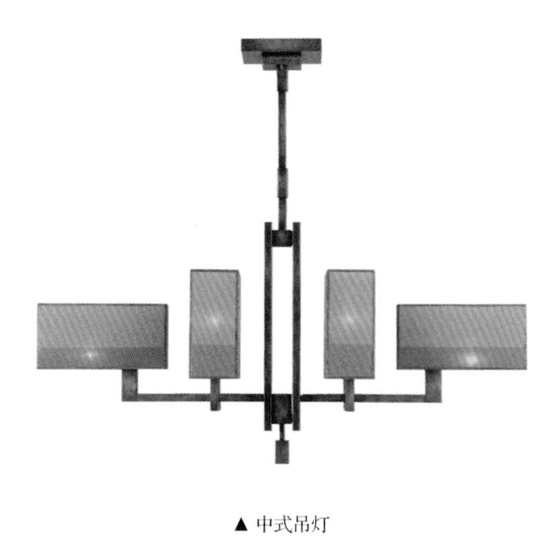

▲ 中式吊灯

多数年轻业主也许并不想装修成古典风格，现代风格的艺术吊灯往往更加受到欢迎。具有现代感的艺术吊灯款式众多，主要有玻璃材质、陶瓷材质、水晶材质、木质材质、布艺材质等类型。

▲ 现代风格吊灯

吊扇灯由于质地原因，比较贴近自然，所以常被用在复古风格当中，不仅是东南亚风格常用的灯具，还会被用在地中海风格和一些田园风格中，营造出轻松随意的度假氛围。

▲ 吊扇灯

连体多点垂挂式的吊灯可以在故事性或主题性很强的区域空间中进行布置，丰富空间软装的多样性。

▲ 多点垂挂式吊灯

3. 吊灯固定方式

为了更好地展示品位，不少业主家中的客厅都会安装精美的吊灯，但是相较其他类型灯饰而言，吊灯往往比较重，并且长期处于悬挂状态，因而安装质量显得尤为重要，一不小心，可能会有掉落的危险。客厅顶面垂挂大型的吊灯时，最好将其直接固定到楼板层，因为如果吊灯过重，而顶面只有木龙骨和石膏板吊顶，承重会有问题。而且安装时必须注意安全，不能使用木塞或者塑料胀塞，一定要用膨胀螺栓，将吊灯牢牢固定。

二、吸顶式灯饰——吸顶灯

吸顶灯适用于层高较低的空间，或是兼有会客功能的多功能房间。因为吸顶灯底部完全贴在顶面上，特别节省空间，也不会像吊灯那样显得累赘。一般而言，卧室、卫浴间和客厅都适合使用吸顶灯，通常面积在 10m^2 以下的空间宜采用单灯罩吸顶灯，超过 10m^2 的空间可采用多灯罩组合顶灯或多花装饰吸顶灯。

与其他灯具一样，制作吸顶灯的材料很多，有塑料、玻璃、金属、陶瓷等。吸顶灯根据使用光源的不同，可分为普通白炽吸顶灯、荧光吸顶灯、高强度气体放电灯、卤钨灯等。不同光源的吸顶灯适用的场所各有不同，空间层高为 4m 左右的照明可使用普通白炽灯泡、荧光灯的吸顶灯；空间层高在 4~9m 的照明则可使用高强度气体放电灯。荧光吸顶灯通常是家居、学校、商店和办公室照明的首选。

▲ 吸顶灯适用于层高相对较低的空间

三、附墙式灯饰——壁灯

比较小的空间里，布置灯饰的原则最好以简洁为主，最好不用壁灯，否则运用不当会显得杂乱无章。如果家居空间足够大，壁灯就有了较强的发挥余地，无论是客厅、卧室、过道都可以在适当的位置安装壁灯，最好是和射灯、筒灯、吊灯等同时运用，相互补充。壁灯的投光可以是向上或者向下，它们可以随意固定在任何一面需要光源的墙上，并且占用的空间较小，因此普遍性比较高。

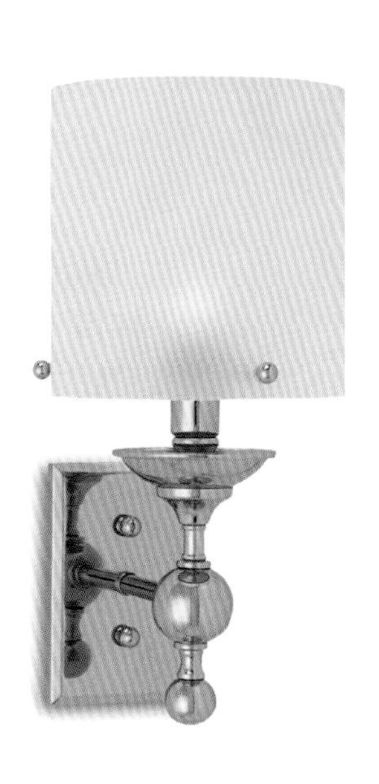

▲ 壁灯是一种安装于墙面的辅助性灯饰

1. 过道壁灯

门厅或者过道等空间也是需要壁灯进行辅助照明的。这些地方的壁灯一般应灯光柔和，安装高度应该略高于视平线，使用时最好再搭配一些别的饰品，比如一幅油画、装饰有插花的花瓶或者一个陈列艺术品的壁框等，这样装饰出来的效果更加美观。

2. 客厅壁灯

客厅沙发墙上的壁灯，不仅具有局部照明的效果，同时还能在会客时增加融洽的气氛。电视墙上的壁灯可以调节电视的光线，使画面变得柔和，起到保护视力的作用。客厅壁灯的安装高度一般控制在 1.7~1.8m，度数要小于 60W。

3. 卧室壁灯

卧室一般都需要有辅助照明装饰，在床头安装的壁灯，最好选择灯头能调节方向的，灯的亮度也应该能满足阅读的要求，壁灯的风格应该考虑和床上用品或者窗帘有一定呼应，才能达到比较好的装饰效果。安装前，首先确定壁灯距离地面高度和挑出墙面距离。通常床头壁灯安装位置高度为距离地面 1.5~1.7m 之间，距墙面距离为 9.5~49cm 之间。

4. 餐厅壁灯

餐厅如果足够宽敞，那么推荐选择吊灯作为主光源，再配合上壁灯作辅助光是最理想的布光方式。如果餐厅面积并不大，且整个餐厅是靠着墙壁的，可以直接忽略掉吊灯或是其他吸顶灯，选择壁灯作为主灯，效果不会比吊灯弱。餐厅灯的亮度不宜过高，只要光线清楚即可。更重要的是，餐厅壁灯最好能够通过光线调节气氛，让就餐的情绪更好。当然，壁灯光线的选择还要和墙壁的颜色相匹配，不要让光线打到墙上产生刺眼的反光。

5. 书房壁灯

小户型的书房多考虑造型简约的单头壁灯，而对于较大户型的书房来说，就有了更多的选择空间。一般书房中选择可调节方向和高度的壁灯较为合适，还能替代台灯的功能。比如选择长短杆的壁灯，不但功能性十分强，对于不同区域可以体现分体照明的作用，同时外观造型十分出众，用在简约风格的书房空间中，装修效果非常好。

6. 儿童房壁灯

儿童房的壁灯有非常多的款式，挑选的时候可以考虑与墙面的其他装饰效果相互匹配，以达到特别的效果。例如花瓣或月亮、星星等造型的壁灯显得非常逼真也具有动感，整体看起来会仿佛现实版的童话世界。需要注意的是，这种做法需要在早期就选好墙面图案和灯具的形状，在墙面上定位好电线的位置才能确保无误。

7. 卫浴间壁灯

卫浴镜前的壁灯一般安装在镜子两边，如果想要安装在镜子上方，壁灯最好选择灯头朝下的类型。由于卫浴间潮气较大，所选的壁灯都应当具备防潮功能，风格可以考虑与水龙头或者浴室柜的拉手有一定的呼应。卫浴间壁灯的安装高度一般在距离地面 1440~1850mm 为宜，位于墙体的四分之三到三分之二处之间。除此之外，还要考虑全家人的平均身高，一般在平均身高以上的 200mm 略高于人头处即可。

四、台上式灯饰——台灯

台灯主要放在写字台、边几或床头柜上作为书写阅读之用。台灯的种类很多，主要有变光调光台灯、荧光台灯等。也可以选择装饰性台灯，如将其放在装饰架上或电话桌上，能起到很好的装饰效果。台灯一般在设计图上不标出，只在办公桌、工作台旁设置 1~2 个电源插座即可。

▲ 台灯是一种烘托空间氛围与用于局部照明的灯饰

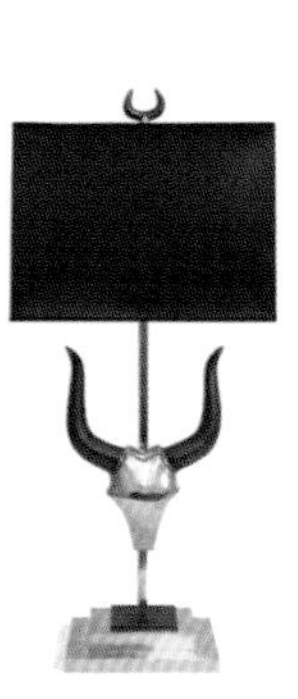

1. 客厅台灯

客厅中的台灯一般摆设在沙发一侧的角几上，属于氛围光源，装饰性多过功能性，在颜色和样式的挑选上要注意跟周围环境协调，通常跟装饰画或者沙发抱枕做呼应效果最佳。中式风格中，装饰台灯多以造型简单、颜色素雅的陶瓷灯为最佳选择。

▲ 客厅台灯通常摆设于沙发一侧的角几上

2. 玄关台灯

玄关是整个家的门面，也是给人印象最深的空间，通常在玄关柜上会摆放对称的台灯作为装饰，一般没有实际的功能性，也有时候也用三角构图，摆放一个台灯与其他摆件和挂画协调搭配，但要注意台灯的色彩要与后面的挂画色彩形成呼应。

▲ 玄关台灯通常对称摆放

▲ 玄关台灯与其他饰品呈三角构图形式摆设

3. 床头台灯

床头台灯主要是用于装饰，但也不排除阅读功能。睡觉前在床头看看书，有助于提高睡眠质量。

大多数的床头台灯都为工艺台灯，是由灯座和灯罩两部分组成。一般台灯的灯座由陶瓷、石质等材料制作成，灯罩常用玻璃、金属、塑料、织物、竹藤做成，两者经过巧妙的组合，便使台灯成为美丽的艺术品。

在挑选床头台灯的过程中，通常要考虑到家居风格或者个人喜好。现代设计都非常强调艺术造型和装饰效果，所以床头台灯的外观很重要。一般灯座造型或采用典雅的花瓶式，或采用亭台式和皇冠式，有的甚至采用新颖的电话式等。台灯的灯罩本来是为了集中光线，增加亮度，但很多床头台灯的灯罩也可以起到很好的装饰作用，有的设计成穹隆式，有的设计成草帽状，各有各的精彩。

▲ 床头台灯兼具装饰与阅读功能

4. 书房台灯

光源选择

书房台灯应适应工作性质和学习需要，宜选用带反射罩、下部开口的直射台灯，也就是工作台灯或书写台灯。台灯的光源常用白炽灯、荧光灯，白炽灯显色指数比荧光灯高，而荧光灯发光效率比白炽灯高，可按各人的需要或对灯具造型式样的爱好进行选择。通常台灯宜用白炽灯，瓦数最好在 60W 左右，太暗有损眼睛健康，太亮太刺眼同样对视力不利。

摆设位置

为了保护视力，书房不应该选择太强光的台灯，以免影响视觉适应的光度。台灯的摆设位置应在书桌的左前方，可避免产生眩光，保护视力。其次，灯罩应调整到合适的位置，人的眼睛距离台灯大概 40cm，离光源水平距离大概 60cm，且看不到灯罩的内壁，灯罩的下沿要与眼齐平或在下方，不让光线直射或反射到人眼。

▲ 书房适合选择可调节方向的长臂台灯

五、落地式灯饰——落地灯

落地灯常用作局部照明，不讲究全面性，而强调移动的便利，善于营造角落气氛。落地灯的合理摆设不仅能起到很好的照明效果，也有不错的装饰效果，不管是温馨自然的简约风格还是粗犷复古的工业风格，一盏别致的落地灯都能让空间的光影格局更丰富更平衡。

落地灯一般布置在客厅和休息区域里，与沙发、茶几配合使用，以满足房间局部照明和点缀装饰家庭环境的需求，但要注意不能置放在高大家具旁或妨碍活动的区域里。此外，落地灯在卧室、书房中偶尔也会涉及，但是相对比较少见。

对于色彩比较艳丽的空间，落地灯的颜色就不能过于艳丽，相反要素雅、简单。如果把整个艳丽的空间看为动态，那素雅的落地灯就是静态，取动中有静之意，软装搭配方面也会更加和谐、美观。

▲ 落地台灯移动方便的同时适合营造角落气氛

1. 常见造型

落地灯在造型上通常分为直筒落地灯、曲臂落地灯和大弧度落地灯。

直筒落地灯

最为简单实用，使用也很广泛，一般安置在角落里。

曲臂落地灯

最大优点就是可随意拉近拉远，配合阅读的姿势和角度，灵活性强。此外，折线型灯架造型感强烈，能很好地凸显客厅的美感，对客厅装饰有很大的帮助。

大弧度落地灯

这种造型的落地灯风格大多时尚简约，最大优点就是光照面积大，垂直洒落的灯光有利于居住者读书阅报，相比前面两款，对视力不会造成伤害。

大弧度落地灯的典型代表是整个造型远远看过去像是一根钓鱼竿的造型，也因此被称为鱼竿落地灯，其主体部分也和鱼竿一样有着很好的韧性，可以弯曲弧度。

2. 照明方式

落地灯从照明方式上主要分为上照式落地灯和直照式落地灯。

上照式落地灯

上照式落地灯搭配白色或浅色的顶面才能发挥出理想的光照效果，吊顶的材料要有一定的反光效果。这种情况下，光线就会显得非常柔和，范围大，充分展现底光光照作用。注意，层高不够的空间中不适合应用上照式落地灯，否则灯光就只能集中在局部区域，会使人感到光线过亮，不够柔和。

直照式落地灯

直照式落地灯光线集中，局部效果明显，对周围范围影响小。灯的光线照在顶面上漫射下来，均匀散布在室内。这种间接照明方式，光线较为柔和，对人眼刺激小，还能在一定程度上使人心情放松。非常适合现代简约风格空间。选择时要注意，直照式落地灯的灯罩下沿最好比眼睛低，这样才不会因为灯泡的照射使眼睛感到不适。

六、嵌入式灯饰——筒灯

筒灯是比普通明装的灯饰更具聚光性的一种灯饰，嵌装于吊顶内部，它的最大特点就是能保持建筑装饰的整体统一，不会因为灯饰的设置而破坏吊顶。筒灯的所有光线都向下投射，属于直接配光。而且筒灯不占据空间，可增加空间的柔和气氛，如果想营造温馨的感觉，可试着装设多盏筒灯，减轻空间压迫感。筒灯有明装筒灯与暗装筒灯之分，一般在酒店、住宅空间、咖啡厅中使用较多。

根据灯管大小，一般有 5 寸的大号筒灯、4 寸的中号筒灯和 2.5 寸的小号筒灯三种。尺寸大的间距小，尺寸小的间距大，一般安装距离在一到两米，或者更远。不论是起主要照明之用，还是作为辅助灯光使用，筒灯都不宜过多、过亮，以排列整齐、清爽有序为佳。若是空间足够大，筒灯是作为主灯饰照明的灯具，则建议瓦数大、光线更为明亮的筒灯做恰当数量的分布，在需要主光源处作较密集的排布，次光源处作零星点缀，起到辅助光源的作用；若是空间面积不足，则建议减少筒灯数量，或降低筒灯瓦数的选择，避免出现过于密集，造成刺眼的情况。

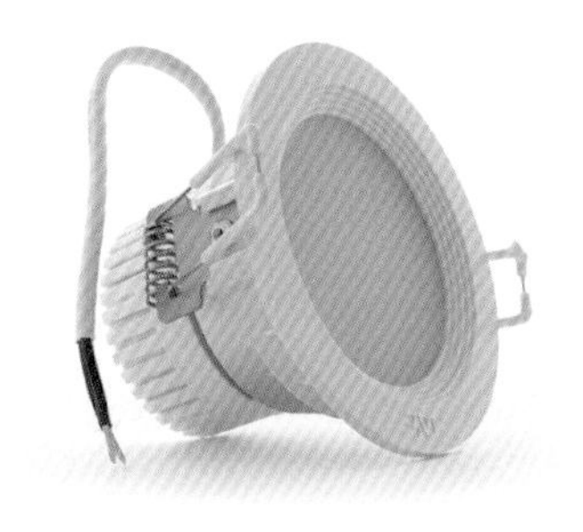

▲ 现代风格空间经常利用筒灯作为主要照明

▲ 装饰柜中运用灯带装饰可丰富层次感

七、隐藏式灯饰——灯带

隐藏式灯饰利用间接照明的方式做空间的基础照明，形成了只见灯光，不见灯饰的画面。它的出现增加了室内环境的层次感，丰富了光环境，是简约风格空间比较流行的照明方式。

在住宅空间中，灯带经常被应用到吊顶中，但除此之外，也可以用在装饰柜内。灯带的光源有很多种选择，常用的有 T5 灯管，亮度比较高，能够起到照明作用。同时在色温上也要注意，家用建议选择中性光或暖白光。

很多空间中的主灯只是起到装饰作用，而真正照明需要用到灯带的光源。注意这种照明方式要求控制好光槽口的高度，不然光线很难打出来，自然也会影响到光照效果。而且吊顶的光槽口内一般不建议使用镜面材料，因为这样很容易通过镜面反射看到光槽内部的灯管。

如果要选择隐藏式灯饰的方式，建议墙面颜色尽量选择浅色，白色为最佳，因为颜色越深越吸光，光的折射越不好。

▲ 见光不见灯的照明方式在简约风格卧室中比较流行

○○○ 第四节

常见灯饰材质

Lighting

灯饰除了设计造型本身外，其制作材质的选择，也是一个不可或缺的重要因素，并且不同的材料，也有着其独特的制作工艺。在选购灯饰的时候，一定要首先对灯饰材料做一个大致的了解，亲自查看灯饰的时候，不妨采用听、看、摸、闻等方法，以确保灯饰材料的环保性。

一、水晶灯饰

水晶灯给人绚丽高贵、梦幻的感觉。由于天然水晶往往含有横纹、絮状物等天然瑕疵，并且资源有限，所以市场上销售的水晶灯通常都是使用人造水晶或者工艺水晶制作而成的。通常，层高不够的空间适宜安装简洁造型的水晶吊灯，而不宜选择多层且繁复的水晶吊灯。

一般来说，水晶灯的直径大小是由所要安装的空间面积来决定的，10~25m^2 的空间选择直径在 1m 左右的水晶灯是极具美感的，30m^2 以上的空间选择直径在 1.5m 及以上的水晶灯为宜。如果房间过小，安装过大的水晶灯会影响整体的协调性。

通常水晶吸顶灯的高度在 30~40cm 之间，水晶吊灯的高度在 70cm 左右，挑空的水晶吊灯高度在 150~180cm 之间。以水晶吊灯为例，安装在客厅时，下方要留有 2m 左右的空间，安装在餐厅时，下方要留出 1.8~1.9m 的空间。可以根据实际情况选择购买相应高度的灯饰。

▲ 水晶灯饰是营造欧式华丽氛围的首选

二、金属灯饰

金属材质灯饰比较常见，由于种类繁多，因此以不同的金属材料制成的灯具，所呈现出的视觉效果也存在明显差异。复古风格中为了凸显灯具的历史感，会使用一些做旧工艺且具备斑驳肌理的金属材质；现代风格中为了凸显时尚感，常在金属外壳上做镂空处理。常见的金属材质灯饰有铜灯、铁艺灯等。

1. 铜灯

铜灯是指以铜作为主要材料的灯饰，包含紫铜和黄铜两种材质。铜灯是使用寿命比较长久的灯具，处处透露着高贵典雅，是一种非常贵族的灯具，非常适用于别墅空间。

目前具有欧美文化特色的欧式铜灯是主流，它吸取了欧洲古典灯具及艺术的元素，在细节的设计上沿袭了古典宫廷的特征，采用现代工艺精制而成。欧式铜灯非常注重灯饰的线条设计和细节处理，比如点缀用的小图案、花纹等，都非常讲究。除了原古铜色的之外，有的还会采用人工做旧的方法来制造时代久远的感觉。欧式铜灯在类型上分别有台灯、壁灯，吊灯等，其中吊灯主要是采用烛台式造型，在欧式古典家居中非常多见。

对于欧式风格来说，铜灯几乎是百搭的，全铜吊灯及全铜玻璃焊锡灯都适合；美式铜灯主要以枝形灯、单锅灯等简洁明快的造型为主，质感上注重怀旧，灯饰的整体色彩、形状和细节装饰都无不体现出历史的沧桑感，一盏手工做旧的油漆铜灯，是美式风格的完美载体；现代风格可以选择造型简洁的全铜玻璃焊锡灯，玻璃以清光透明及磨砂简单处理的为宜；而应用在新中式风格的筒灯往往会加入玉料或者陶瓷等材质。

▲ 铜灯适用于表现高贵典雅气息的别墅空间

2. 铁艺灯

传统的铁艺灯基本上都是起源于西方。在中世纪的欧洲教堂和皇室宫殿中，因为最早的灯泡还没有发明出来，所以用铁艺做成灯饰外壳的铁艺烛台灯绝对是贵族的不二选择。随着灯泡的出现，欧式古典的铁艺烛台灯不断发展，它们依然采用传统古典的铁艺，但是灯源却由原来的蜡烛变成了用电源照明的灯泡，形成更为漂亮的欧式铁艺灯。

铁艺灯有很多种造型和颜色，并不只是适合于欧式风格的装饰。有些铁艺灯采用做旧的工艺，给人一种经过岁月的洗刷的沧桑感，与同样没有经过雕琢的原木家具及粗糙的手工摆件是最好的搭配，是地中海风格和乡村田园风格空间中的必选灯具。

铁艺制作的鸟笼造型灯饰有台灯、吊灯、落地灯等，是美式风格与新中式风格中比较经典的元素，可以给整个空间增添鸟语花香的氛围。鸟笼造型灯如果居家用作吊灯，要注意层高要求，较矮的层高就不适合悬挂，会让屋顶看起来更矮，给人压抑感，更适合较大的空间，如大型餐厅，以大小不一、高低错落的悬挂方式作为顶部的装饰和照明。

▲ 做旧工艺的铁艺灯适合表现乡村自然风格

▲ 鸟笼造型灯饰是表现新中式风格的经典元素

▲ 造型不一的玻璃灯错落有致地悬挂，极富装饰感

三、玻璃灯饰

玻璃灯的性能极其优越，在住宅空间中经常使用，精美的玻璃灯一般分为规则的方形和圆形、不规则的花型以及欧美风格玻璃灯等三种款式。通常，在卧室中经常使用方形和圆形的玻璃灯，光线比较柔美；不规则的花型玻璃灯是仿水晶灯的造型，因为水晶灯价格昂贵，而玻璃材质的花型灯更加经济，经常被应用在客厅空间。

很多工艺复杂的玻璃灯既是一件照明工具，同时也是一件精美的艺术装饰品。例如，彩绘玻璃灯是摩洛哥风格特有的标志，璀璨梦幻的光影给空间增色不少，轻松打造出异国情调。当然，除了运用在摩洛哥风格中，彩绘玻璃灯搭配东南亚风格、后现代风格和复古工业风，都是不错的选择。

▲ 彩绘玻璃灯轻松打造异国情调

四、陶瓷灯饰

陶瓷灯是采用陶瓷材质制作成的灯饰，分为陶瓷底座灯与陶瓷镂空灯两种，其中以陶瓷底座灯最为常见。陶瓷灯的外观非常精美，目前常见的陶瓷灯大多都是台灯的款式，因为其他类型的灯具做工比较复杂，不能使用瓷器。

中式风格的陶瓷灯做工精细，质感温润，仿佛一件艺术品，十分具有收藏价值，其中新中式风格的陶瓷灯往往带有手绘的花鸟图案，装饰性强并且寓意吉祥；美式风格的陶瓷灯表面常采用做旧工艺，整体优雅而自然，与美式家具相得益彰。

▲ 做工精美的陶瓷台灯宛如一件艺术藏品

五、木质灯饰

木质灯通常用于中式、日式等东方古典风格的空间中。木头自带的复古味，可以给家里增添几分典雅。配合羊皮、纸、陶瓷等材料，木质灯可以打造出中国传统风格。纸或羊皮上可以绘制一些传统花鸟图案，配合木材镶边，让居室瞬间变得温润委婉。木质灯还可以打造欧式风格，如今不少北欧家居风格的灯都是木制的。除了欧式风格以外，还可以尝试一下工业风格，例如把灯泡直接装在木头底座上。

木质灯从材质角度比金属、塑料等更环保。由于具有自然的风格，木质灯很适合用在卧室、餐厅，让人感到放松、舒畅，给人温馨和宁静感。如果是落地灯，还可以在灯上装饰一些绿色植物，既不干扰照明，还增添了自然的气息。

由于木材易于雕刻的特性，可以让灯饰实现多种创意。有的吊灯利用木材模仿橡果的形状；还有的利用圆形镂空木头当作灯罩的吊灯，既精美，又实用。

▲ 天然的木质灯饰不仅环保，而且给室内带来质朴自然的气息

六、纸质灯饰

纸质灯的设计灵感来源于中国古代的灯笼，具有其他材质灯饰无可比拟的轻盈质感和可塑性，那种被半透的纸张过滤成柔和、朦胧的灯光更是令人迷醉。纸质灯造型多种多样，可以跟很多风格搭配出不同效果，一般多以组群形式悬挂，大小不一，错落有致，极具创意和装饰性。例如在现代简约风格的空间中选择一款纯白色纸质吊灯，更能给空间增加一分禅意。

羊皮纸灯饰也是纸质灯的一种，虽然名为羊皮灯，但市场上真正用羊皮制作的灯并不多，大多是用质地与羊皮差不多的羊皮纸制作而成的。由于羊皮纸的可塑性强，所以厂家能制作出很多造型别致的羊皮灯，例如船帆式的吊灯、宫灯式的壁灯等，既适合新中式风格，又能搭配现代简约风格。

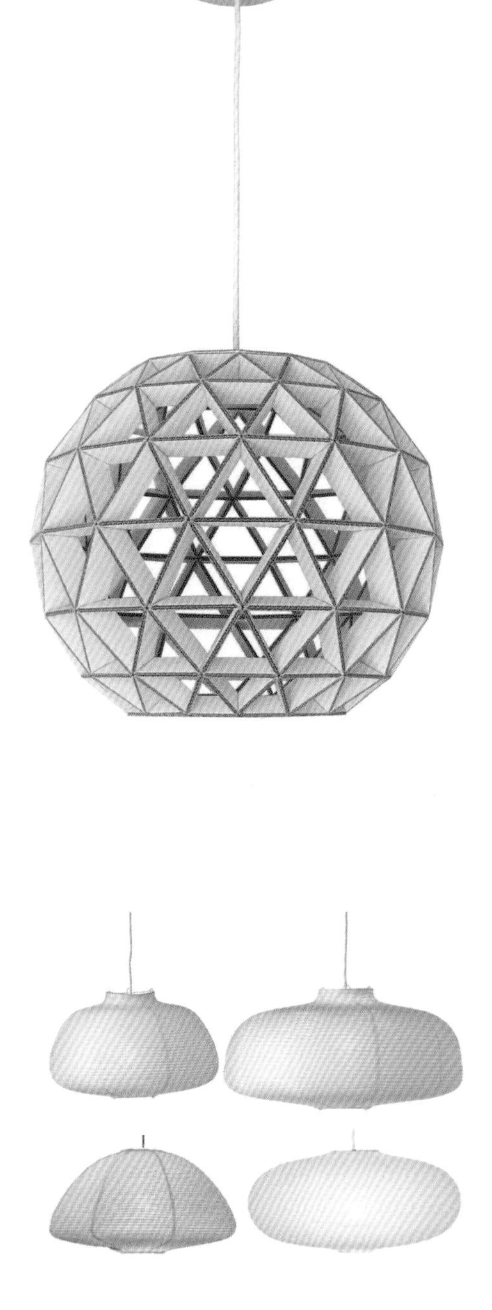

▲ 纸质灯具有轻盈的质感，可给空间带来淡淡禅意

○○○ 第五节

灯饰常见风格

Lighting

灯饰在空间之中除了有照明的效果，还能起到一定的装饰作用。不同的软装风格对于灯饰的选择要求也不一样，只有搭配得当，才能在色彩、材质、风格上保持一致。所以在选择灯饰的设计风格时，最好结合居室环境特点进行挑选。

一、中式风格灯饰

中式风格的灯饰框架一般采用实木，一般木材越硬越重越高档。制作时，主要进行镂空或雕刻等工艺，根据不同的雕花工艺，造价也各有不同，整块手工雕刻较贵，而多块拼接木框的价格则会低一些。除了直接雕花以外，也可搭配一些其他材料做外部灯罩，比如玻璃、羊皮、布艺等，将中式灯饰古朴和高雅充分展示出来。中式灯饰的造型多以对称形式的结构为主，无论是方形或者圆形，基本都以中心线对称。圆形的灯大多是装饰灯，起到画龙点睛的作用，方形的仿羊皮灯多以吸顶灯为主，外边配以各种栏栅及图形，古朴端庄。

新中式风格的灯饰相对于古典中式风格，造型偏现代，线条简洁大方，只是在装饰细节上采用部分中国元素。例如，形如灯笼的落地灯、带花格灯罩的壁灯，都是打造新中式卧室的理想灯饰。

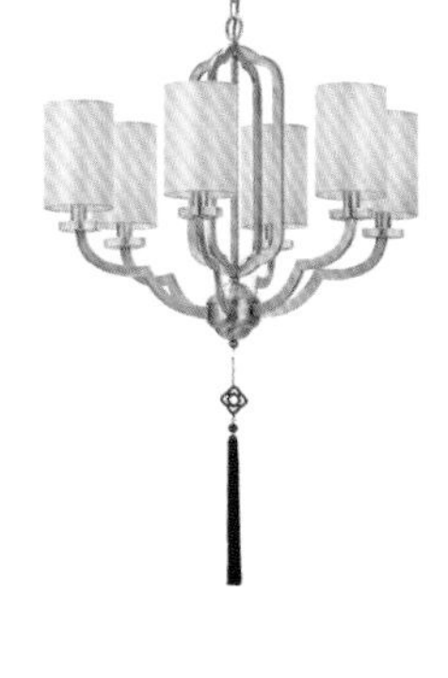

▲ 新中式风格灯饰的造型偏简洁

▲ 传统中式风格灯饰以羊皮纸为主要材料

二、古典风格灯饰

欧洲古典风格的灯饰设计被誉为“罗曼蒂克生活之源”，不仅造型精美，做工也十分细腻，灯具的整体造型显得华贵而高雅，充满浓郁的欧洲宫廷气息。古典风格又可以细分为哥特式、巴洛克、洛可可三种风格。

造型高耸锋利的烛台吊灯最适合神秘的哥特式风格，特别适合搭配古典欧式或美式风格的别墅，让整个空间散发出一种古老而神秘的贵族气质，仿佛带人穿越到了14世纪。

巴洛克风格中常用水晶灯、烛台灯、云石灯等，灯饰造型可选择层叠式，造型以曲线为主，图案可选涡卷饰、人像柱、喷泉、水池等。

洛可可风格中，梦幻浪漫的水晶灯、烛台灯是首选，造型上要精致细巧，圆润流畅。

▲ 哥特式风格灯饰

▲ 巴洛克风格灯饰

▲ 欧洲古典风格灯饰显得华贵而高雅

▲ 洛可可风格灯饰

三、北欧风格灯饰

北欧风格清新而强调材质的原味，适合造型简单且具有混搭味的灯饰，例如色彩白、灰、黑的原木材质的灯具。北欧风格和工业风格的灯饰有时候会有交叉之处，看似没有复杂的造型，但在工艺上是经过反复推敲的，使用起来非常轻便和实用。

简单但时髦的北欧风，其实可以搭配有点年代感的经典设计灯饰，更能提升质感。选择灯饰时，应考虑搭配整体空间使用的材质，以及使用者的需求。一般而言，较浅色的北欧风空间中，如果出现玻璃及铁艺材质，就可以考虑挑选有类似质感的灯具。

▲ 北欧风格灯饰造型简洁但富有细节

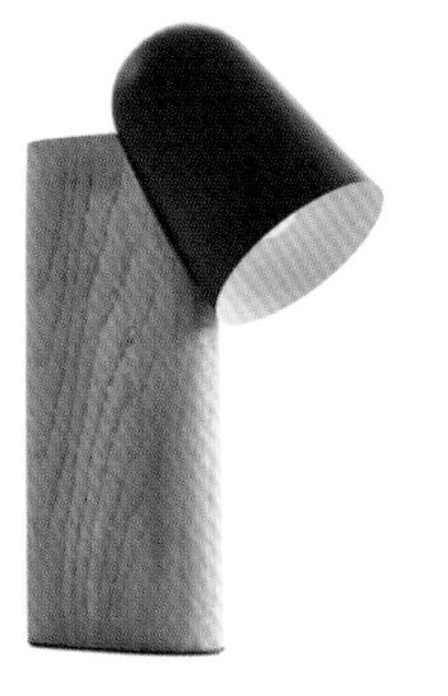

四、现代风格灯饰

现代风格定义很广泛，更贴近现代人的生活，材质也多为新材料，如不锈钢、铝塑板等。它包括很多种流派，如工业风、极简主义、后现代风等。但总体来说造型简洁利落，注重现代感。根据不同的流派可搭配不同的灯饰。

在现代风格中，灯饰除了照明作用之外，更加强调的是装饰作用，一款好的灯饰本身就是一件很好的装饰品。现代风格灯饰设计以时尚、简约为概念，多为现代感十足的金属材质，外观和造型上以另类的表现手法为主，线条纤细硬朗，颜色以白色、黑色、金属色居多。

如果是新装饰主义风格，灯具材质一般采用金属色如金色、银色、古铜色或具有强烈对比的黑色和白色，打造复古、时尚又现代感极强的奢华氛围。

▲ 现代风格灯饰注重造型，可给空间带来十足的时尚感

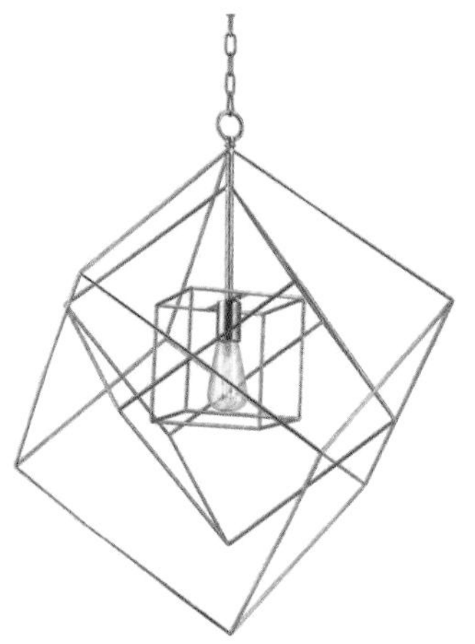

▲ 美式乡村风格适合搭配铁艺灯饰

五、美式乡村风格灯饰

美式风格对于灯饰的搭配局限较小，一般适用于欧式古典家具的灯饰都可使用。需要注意的是不可过于繁复，因为美式风格的精髓在于摒弃复杂，崇尚自然。

美式新古典风格适合搭配水晶灯或铜制的金属灯饰，带来复古大气的悠远沉淀。水晶材质晶莹剔透，提亮居室的整体色调；而线条细腻、造型丰富的全铜落地灯，易于营造典雅大气的氛围。

美式乡村风格可选择造型更为灵动的铁艺灯饰，引入浓郁的乡野自然韵味，粗犷与细致之美流畅中和。铁艺具有简单粗犷的特质，可以为美式空间增添怀旧情怀。

▲ 美式新古典风格适合搭配水晶灯饰

六、工业风格灯饰

工业风的空间中，灯饰照明的运用极其重要。可以选择极简风格的吊灯或者复古风格的艺术灯泡，甚至霓虹灯。为了表现粗犷的空间氛围，布料编织的电线以及样式多变的灯泡都是工业风格灯饰的必备元素。因为工业风整体给人的感觉是冷色调，色系偏暗，为了起到缓和作用，可以局部采用点光源照明的形式，如复古的工矿灯、筒灯等，会有一种匠心独运的感觉，水晶吊灯应尽量少用。此外，灯饰应该要搭配空间做变化，如果选择造型特殊、有个性的鹿角灯，也很能成为好的点缀。

工业风格灯饰一般选择金属、麻绳等作为装饰材料，并选择工业形象作为灯具造型，极富创造力。灯罩常用金属圆顶形状，表面采用搪瓷处理或者模仿镀锌铁皮材质，并且常见绿锈或者磨损痕迹。

▲ 工业风格灯饰适合表现粗犷的空间氛围

七、欧式新古典风格灯饰

欧式新古典风格的灯饰可搭配具有设计感的古典灯饰，烛台灯、水晶灯、云石灯、铁艺灯都比较适合，可选择的灯饰很多，只要搭配得当，就可以取得不错的装饰效果。

欧式新古典风格客厅通常选用吊灯，因为吊灯的装饰性强，会给人一种奢华高贵之感。圆形的水晶吊灯是选择最多的，它造型复杂却非常具有层次感，既有欧式特有的优雅与浪漫，同时也会融入现代的设计元素。

▲ 欧式新古典灯饰中融入了现代设计的元素

八、东南亚风格灯饰

东南亚风格灯饰在设计上逐渐融合西方现代概念和亚洲传统文化，通过不同的材料和色调搭配，在保留了自身的特色之余，产生更加丰富的变化。灯饰造型具有明显的地域民族特征，比较多地采用象形设计方式，如铜制的莲蓬灯、手工敲制出具有粗糙肌理的铜片吊灯、一些大象等动物造型的台灯等。

东南亚风格的空间很少使用主灯，主灯一般起点缀作用，主要以点光源和返照灯为主，烘托氛围，增加神秘感。由于东南亚处于热带地区，气候湿热，风扇灯也是常用的选择。

东南亚风格灯饰颜色一般比较单一，多以深木色为主，尽量做到雅致。为了接近自然，大多就地取材，贝壳、椰壳、藤、枯树干等都是灯饰的制作材料，很多还会装点类似流苏的装饰物。

▲ 东南亚风格灯饰大多取材于自然

九、地中海风格灯饰

地中海风格灯饰常见的特征之一是灯臂或者中柱部分常常会进行擦漆做旧处理，这种设计方式除了让灯饰流露出类似欧式灯饰的质感，还可展现出被海风吹蚀的自然印迹。地中海风格灯饰还通常会配有白陶装饰部件或手工铁艺装饰部件，透露着一种纯正的乡村气息。此外，还可以用一些半透明或蓝色的布料、玻璃等材质制作成灯罩，通过其透出的光线，具有艳阳般的明亮感，让人联想到阳光、海岸、蓝天。一般来说，小细花图案的棉织品灯罩是地中海风格灯具的常见形式。

地中海风格的吊灯不仅在色彩上有很多大胆的运用，在造型上更是有很多的创新之处，比较有代表性的是以风扇为造型和以花朵等为造型的吊灯；地中海风格的台灯会在灯罩上运用多种色彩或呈现多种造型；地中海风格的壁灯在造型上往往会设计成地中海独有的美人鱼、船舵、贝壳等造型。

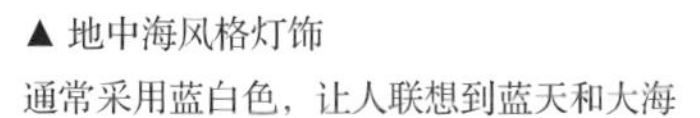

▲ 地中海风格灯饰

通常采用蓝白色，让人联想到蓝天和大海

○○○ 第六节

室内空间照明方案

不同的室内环境要配备不同数量不同种类的灯饰，以满足人们对光质、视觉卫生、光源利用等要求。室内的环境包括空间大小、形状、比例、功能，采用与之相适应的照明灯饰和照明方案，才能体现其独特风格，满足其使用要求。

一、客厅灯饰照明方案

客厅是一家人的共同活动场所，具有会客、视听、阅读、游戏等多种功能，通常会运用主照明和辅助照明的灯光交互搭配，可以通过调节亮度和亮点，来增添室内的情调，但注意一定要保持整体风格的协调一致。一般以一盏大方明亮的吊灯或吸顶灯作为主灯，搭配其他多种辅助灯饰，如壁灯、筒灯、射灯等。如果是要经常坐在沙发上看书，建议用可调的落地灯、台灯来做辅助，满足阅读亮度的需求。

如果是客厅较大而且层高 3m 以上的空间，宜选择大一些的多头吊灯；高度较低、面积较小的客厅应该选择吸顶灯，因为光源距地面 2.3m 左右，照明效果最好。如果房间只有 2.5m 左右，灯具本身的高度就应该在 20cm 左右，厚度小的吸顶灯可以达到良好的整体照明效果。

▲ 客厅通常采用主照明与辅助照明相结合的照明方式

1. 吊顶间接照明

客厅顶部安装隐藏线形灯是目前比较流行的照明方式，但其光源必须距离顶面 35cm 以上，才不会产生过大的光晕，造成空间中的黯淡感。墙面颜色尽量选择浅色，白色为最佳，因为颜色越深越吸光，光的折射越不好。

▲ 在吊顶中安装隐藏线形灯的照明方式适用于现代简约空间

2. 沙发区域照明

沙发区域的照明不能只是为了突出墙面上的装饰物，同时要考虑坐在沙发上的人的主观感受。过于强烈的光线会让人觉得不舒服，容易造成眩光与阴影。可以选择台灯或落地灯放在沙发的一端，让不直接的灯光散射于整个客厅内，用于交谈或浏览书报。也可在墙上适当位置安装造型别致的壁灯，能使壁上生辉。如果需要射灯来营造气氛，则要注意避免直射到沙发上。

▲ 沙发区域主要通过台灯、落地灯、背景墙上的灯带以及嵌入在吊顶中的筒灯提供光线

3. 电视区域照明

在电视区域的灯光设计中，有柔和的反射光作为背景照明就可以，忌用强光照射电视机，否则容易引起眼睛疲劳，如果采用射灯类灯饰照明，需留出适当距离。此外，如果电视墙周边的辅助照明灯过多过杂，看电视时会干扰视线，实用性不强，建议减少到最低限度。

电视机附近需要有低照度的间接照明，来缓冲夜晚看电视时电视屏幕与周围环境的明暗对比，减少视觉疲劳。如放一盏台灯、落地灯，或者在电视墙的上方安装隐藏式灯带，其光源色的选择可根据墙面的本色而定。

▲ 电视机区域通过隐藏的灯带提供低照度的间接照明

4. 饰品重点照明

客厅空间中可以对某些需要突出的饰品进行重点投光，使该区域的光照度大于其他区域，营造出醒目的效果。可在挂画、花瓶以及其他工艺品摆件等上方安装射灯，让光线直接照射在需要强调的物品上，达到重点突出、层次丰富的艺术效果。

▲ 对客厅中的饰品进行重点照明可营造出醒目的效果

▲ 现代简约风格玄关通过隐藏于顶面的灯带进行照明

二、玄关灯饰照明方案

玄关一般都不会紧挨窗户，要想利用自然光来提高光感比较困难，而合理的灯光设计不仅可以提供照明，还可以烘托出温馨的氛围。

1. 设计重点

玄关的照明一般比较简单，只要亮度足够，能够保证采光即可。建议在门口安装人体感应灯具，可以让人在一进门时即自动启动开关照明，不用进门后还要找玄关开关，同时也省电费。玄关除了一般式照明外，可在悬吊的鞋柜下方设计间接光源，照明客人或家人的外出鞋；如果有绿色植物、装饰画、工艺品摆件等软装配饰时，可采用筒灯或轨道灯形成焦点聚射。

▲ 玄关悬吊的鞋柜下方设计间接光源

2. 灯饰选择

由于玄关是进入室内的第一印象处，也是整体家居的重要部分，因此灯饰的选择一定要与整个家居的装饰风格相搭配。如果是现代简约的装修风格，玄关灯饰一定要以简约为主，一般选择灯光柔和的筒灯或者隐藏于顶面的灯带进行装饰。欧式风格的别墅，通常会在玄关处正上方顶部安装大型多层复古吊灯，灯的正下方摆放圆桌或者方桌搭配相应的花艺，用来增加高贵隆重的仪式感。别墅玄关吊灯一定不能太小，高度不宜吊得过高，要相对客厅的吊灯更低一些，跟桌面花艺做很好的呼应，灯光要明亮。

▲ 欧式风格玄关通常会在吊灯的正下方摆放圆桌，搭配相应的花艺

3. 功能运用

从功能上来说，如果玄关主要用来收纳，就可以用普通式照明，吊灯或吸顶灯都没问题，收纳柜里可以辅助以小的衣柜灯；如果玄关只是通往客厅的走道，那可以采用背景式照明，或者具有引导功能的照明设备，比如壁灯、射灯等；在过长的玄关通道中，可以通过在吊顶间隔布置多盏吊灯的手法，将空间分割成若干个小空间，从而化解玄关过长的问题。同时，多盏灯饰的布置，也丰富了玄关空间的装饰性。

▲ 狭长型玄关过道可在吊顶上间隔布置多盏吊灯

三、书房灯饰照明方案

书房照明主要满足阅读、写作之用，要考虑灯光的功能性，款式简单大方即可，光线要柔和明亮，避免眩光产生疲劳，使人能够舒适地学习和工作。间接照明能避免灯光直射所造成的视觉炫光伤害，所以书房照明最好能选择间接光源的处理，如在顶面的四周安置隐藏式光源，这样能烘托出书房沉稳的氛围。通常书桌、书柜、阅读区是需要重点照明的区域。

▲ 书房照明除了光线要柔和明亮，还要避免眩光造成视觉疲劳

1. 书桌照明

书桌上方可以选择具有定向光线的可调角度灯具，既保证光线的强度，也不会看到刺眼的光源。台灯宜用白炽灯为好，规格最好在 60 W 左右为宜。书桌台灯配置的最佳位置是令光线从书桌的正上方或左侧射入，不要置于墙上方，以免产生反射眩光。书房中灯具的造型，应符合一般学习和工作的需要，尤其是书桌上配置的台灯，除了要足够明亮，材质上也不宜选择纱、罩、有色玻璃等装饰性灯具，以达到清晰的照明效果。

▲ 书桌上的左侧是台灯摆设的最佳位置

2. 书柜照明

书柜的照明，可选择固定在柜子上方或者吊顶上的射灯，方便拿取柜内的物品。光源同样是以选择不容易产生困意的高照度白色光为宜。书柜也可透过灯光变化，营造有趣的效果，例如透过轨道灯或嵌灯的设计，让光直射书柜上的藏书或物品，就有端景的视觉焦点变化，起到画龙点睛的效果。

▲ 书柜中加入灯光照明既可增加装饰作用，又可方便查书

3. 阅读区照明

若是在书房中的单人椅、沙发上阅读时，最好采用可调节方向和高度的落地灯。

▲ 书房的单人椅旁边适合放置可调节方向和高度的落地灯提供照明

四、楼梯灯饰照明方案

家中有老人或儿童的复式住宅空间，应考虑在晚上行走时的楼梯照明，以提升居住的舒适性与方便性。可以考虑在楼梯转角处设置吊灯，让视觉更有停驻点；也可以利用地脚灯照亮每一层台阶；或者利用扶手作线状导引灯光，线性灯光也可增加空间的装饰性。光源可选择省电的 LED 灯，如此就不用担心耗电的问题。

▲ 楼梯的每个踏步下方安装照明，实用的同时形成一道风景

1. 楼梯吊灯

楼梯是家里一道特别的风景，在此处布置吊灯一定要与楼梯和扶手的风格相统一。楼梯吊灯的亮度要适中，起到楼梯的照明功能即可，尽量避免局部过亮产生炫光。长度可以根据楼梯的大小和长短，调整吊灯的大小和长度。欧式风格的楼梯间可以使用水晶灯增加华丽感，这样既保证了楼梯的照明，又极具装饰性。

▲ 欧式风格楼梯间常用水晶吊灯增加空间的华丽感

2. 楼梯地脚灯

在楼梯的照明设计中，地脚灯是最常用到的一种灯具，这种灯具不仅能够安装在楼梯间的两侧墙面之上，还可直接安装到台阶的侧面上，能为楼梯空间带来颇具韵律的美感。

▲ 楼梯地脚灯

3. 楼梯线形灯

借助扶手结构，安装一条与扶手平行的线形灯具，为楼梯空间提供稳定而实用的照明。除此之外，灯饰的安装位置可在扶手的上中下任意位置，但其光照一定要能覆盖扶手区或楼梯台阶。

▲ 楼梯线形灯

五、餐厅灯饰照明方案

餐厅灯饰照明应烘托出一种其乐融融的进餐氛围，既要让整个空间有一定的亮度，又需要有局部的照明作点缀。因此，餐厅灯饰照明应以餐桌为重心确立一个主光源，再搭配一些辅助光源，灯饰的造型、大小、颜色、材质，应根据餐厅的面积、家具与周围环境的风格作相应的搭配。

▲ 餐厅的灯饰照明应与空间面积以及整体风格相协调

1. 餐厅灯饰高度

餐厅灯饰以低矮悬吊式照明为佳，考虑家人走到餐桌边多半会坐下对话，因此灯饰高度不宜太高。一般吊灯与餐桌之间的距离约为 55~60cm，过高显得空间单调，过低又会造成压迫感，因此，选择让人坐下来视觉会产生 45° 斜角的焦点，且不会遮住脸的悬吊式吊灯即可。

2. 餐厅灯具数量

单盏大灯适合 2~4 人的餐桌，明暗区分相当明显，像是舞台聚光灯般的效果，自然而然地将视觉聚焦。如果比较重视照明光感，或是餐桌较大，不妨多加 1~2 盏吊灯，但灯饰的大小比例必须调整缩小。另外，具有设计感的吊灯，也会加强视觉上的丰富度。若餐厅想要安排 3 盏以上的灯饰，可以尝试将同一风格、不同造型的灯饰做组合，形成不规则的搭配，混搭出特别的视觉效果。

3. 餐厅灯具造型

餐厅可以考虑选择下罩式、多头型、组合型的灯具；灯饰形态与餐厅的整体装饰风格应一致。1.4m 或 1.6m 的餐桌，建议搭配直径 60cm 左右的灯饰，1.8m 的餐桌配直径 80cm 左右的灯饰。长形的餐桌既可以搭配一盏相同造型的吊灯，也可以用同样的几盏吊灯一字排开，组合运用。如果吊灯形体较小，还可以将其悬挂的高度错落开来，给餐桌增加活泼的气氛。圆形餐桌通常适合单盏吊灯或风铃形吊灯。

▲ 餐厅使用单盏吊灯形成视觉聚焦

▲ 长方形餐桌上方悬挂高度错落的多盏吊灯可以活跃气氛

▲ 造型不同的多盏吊灯形成不规则搭配

▲ 长方形餐桌适合相同造型的吊灯

4. 餐厅层高因素

层高较低的餐厅应尽量避免采用吊灯，筒灯或吸顶灯是主光源的最佳选择。层高过高的餐厅使用吊灯不仅能让空间显得更加华丽而有档次，也能缓解过高的层高带给人的不适感。

▲ 层高较低的餐厅适合选择吸顶灯

5. 餐厅面积因素

空间狭小的餐厅里，如果餐桌是靠墙摆放的话，可以选择壁灯与筒灯的光线进行搭配。用餐人数较少时，落地灯也可以作为餐桌光源，但只适用于小型餐桌。空间宽敞的餐厅选择性会比较大，采用吊灯作主光源，壁灯作辅助照明是最理想的布光方式。如果用餐区域位于客厅一角的话，选择灯饰时还要考虑到跟客厅主灯的关系，不能喧宾夺主。

▲ 餐桌靠墙摆放的小餐厅可选择壁灯与筒灯的组合照明

六、卧室灯饰照明方案

卧室是休息睡觉的私密功能区，很多人也常在卧室内看书学习，把卧室作为书房。选择灯饰及安装位置时要避免有眩光刺激眼睛。低照度、低色温的光线可以起到促进睡眠的作用。卧室内灯光的颜色最好是橘色、淡黄色等中性色或是暖色，有助于营造舒适温馨的氛围。

1. 卧室整体照明

卧室里一般建议使用漫射光源、壁灯或者 T5 灯管都可以。吊灯的装饰效果虽然很强，但是并不适用层高偏矮的房间，特别是水晶灯，只有层高确实够高的卧室才可以考虑安装水晶灯增加美观性。在无顶灯或吊灯的卧室中，采用安装筒灯进行点光源照明是很好的选择，光线相对于射灯要柔和。

▲ 卧室采用漫射照明，更能营造氛围

2. 卧室床头照明

床头柜上摆设台灯是常见的方式。但有些卧室面积不大，没有空间再摆放床头柜，或者床头柜本来很小，如果再放个台灯会占去很多空间。很多人习惯靠在床头看书，床头柜上肯定要放几本杂志，所以照明灯光可以考虑设计在背景中，用光带或壁灯都可以。对面积较小的卧室空间，通常可以根据风格的需要选择小吊灯代替床头柜上的台灯。

▲ 床头台灯可实现居住者靠在床上看书阅读的局部照明

3. 卧室装饰照明

在卧室中巧妙地使用灯带、落地灯、壁灯甚至小型的吊灯，可以较好地营造卧室的气氛。例如，不少卧室的床头墙上都会设计装饰背景，通常会采用一些特殊的装饰材料或精美的饰品，这些往往需要射灯烘托气氛。但需要注意的是，一定要选择可调向的射灯，灯光尽量只照在墙面上，否则躺在床上的人向上看的时候会觉得刺眼。

▲ 小卧室利用小吊灯代替床头台灯的功能

4. 卧室气氛照明

卧室的主要功能是用来睡觉的，因此，营造助眠的氛围也是卧室的一项任务。可以在卧室适当增加气氛照明。桌面或墙面上是布置气氛照明的合适地点，例如桌子上可以摆放仿真蜡烛，营造情调；墙面上可以挂微光的串灯，营造星星点点的浪漫氛围，都可以让卧室变得讨人喜欢起来。甚至一些空间中会在床的四周低处使用照度不高的灯带，活用灯光，增加空间的设计感。

▲ 摆设烛台作为气氛照明，制造浪漫情调

七、儿童房灯饰照明方案

儿童房里一般都以整体照明和局部照明相结合来配置灯具。整体照明用吊灯、吸顶灯为空间营造明朗、梦幻般的光效；局部照明以壁灯、台灯、射灯等来满足不同的照明需要。儿童房应该避免只有单一照明开关回路，而是设置不同回路，以符合睡眠、游戏、阅读等不同使用需求，灯饰最好选择能调节明暗或者角度的，夜晚把光线调暗一些，增加孩子的安全感，帮助孩子尽快入睡。

▲ 儿童房墙面上安装花朵造型的壁灯，十分符合空间的设计主题

1. 避免床头安灯

床头安灯尽管能给床上更多的光线，但孩子的视力非常脆弱，难以承受光线的直射。而且，近距离的灯磁辐射会对儿童的大脑发育产生不良影响。安全的设计是：要保证孩子躺在枕头上看不到灯头。另外，尽管镜子和光滑的材质能在一定程度上改善室内的光亮度，但强烈的反光会损伤孩了的视力。

2. 选择童趣灯具

儿童房所选的灯饰应在造型与色彩上给孩子一个轻松、充满意趣的光感，以拓展孩子的想象力，激发孩子的学习兴趣。

挑选儿童房的中央吊灯时，可以考虑选择一些富有童趣的灯饰。一方面可以和空间中其他装饰相匹配，另一方面，童趣化的灯饰一般成本不是太高，便于今后根据儿童的年龄阶段随时调换。一般木质、纸质或者树脂材质的灯更符合儿童房轻松自然、温馨而充满童趣的氛围。

▲ 儿童房可选择富有童趣的灯饰激发儿童的想象力

3. 做好安全防范

儿童天性活泼、好动，又对事物充满强烈的好奇心，尤其是年幼的孩子，但他们却缺乏必要的自我保护意识。因此，儿童房里若安装壁灯，应注意不要让电源线外露，以免不懂事的孩子拿电线当玩具来摆弄。如果孩子还很小，就不要挑那些容易让孩子触摸到灯泡的灯饰，避免发热的灯泡烫到小孩稚嫩的肌肤。最好是选择封闭式灯罩的灯饰，或为灯泡加一层保护罩。另外，也应避免在儿童房里摆放落地灯，以减少孩子触电的危险。

▲ 儿童房的台灯摆放在一米多高的收纳柜台面上，避免幼童触摸，增加安全性

八、厨房灯饰照明方案

厨房照明以工作性质为主，建议使用日光型照明。除了在厨房走道上方装置顶灯，照顾到走动时的需求，还应在操作台面上增加照明设备，以避免身体挡住主灯光线，切菜的时候光线不充足。安装灯饰的位置应尽可能地远离灶台，避开蒸汽和油烟，并要使用安全插座。灯具的造型应尽可能的简单，以方便擦拭。通常采用能保持蔬菜水果原色的荧光灯为佳，这不单能使菜肴发挥吸引食欲的色彩，而且有助于使用者在洗涤时有较高的辨别力。

▲ 厨房中的层板灯照明可使用 T5 或 T8 日光灯

▲ $10m^2$ 左右的开放式厨房照明方案

1. 开放式厨房照明

开放式的厨房由于和外界是衔接在一起的，所以在灯具的布置上也得考虑到整体的效果才行。一般来说，开放式厨房的橱柜，无论是一字形、L 形还是 U 形橱柜，光源多采用嵌入式筒灯的形式，数量在 6~10 个不等，一般不使用吸顶灯，光源尽量选择偏暖光。

布灯的方法可以根据开放式厨房所占整体空间的面积安排，如果厨房面积达到 $10m^2$，为保证明亮，需要用 9 个灯，可以用四周环绕 8 个，中间 1 个的方法安装。每个射灯瓦数不必太高，还要准备可以调节的开关。如果厨房面积只有 $6~7m^2$，使用 6 个筒灯就够了，以 2 横 3 竖的排布法比较美观。

2. 餐厨合一的空间照明

小户型中，餐厨合一的格局越来越多见，选用的灯饰要注意以功能性为主，外形以现代简约的线条为宜。灯光照明则应按区域功能进行规划，就餐处与厨房可以分开关控制，烹饪时开启厨房区灯具，用餐时则开启就餐区灯具。用可调光控制厨房灯具，工作时明亮，就餐时调成暗淡，作为背景光处理。

▲ 餐厨合一的空间照明宜以功能性为主

3. 操作区照明

厨房的油烟机上面一般都带有 25~40W 的照明灯，它使得灶台上方的照度得到了很大的提高。有的厨房在切菜、备餐等操作台上方设有很多柜子，也可以在这些柜子下面安装局部照明灯，以增加操作台的亮度。

▲ 厨房的吊柜下方安装灯带，增加操作台的亮度

4. 水槽区照明

厨房间的水槽多数都是临窗的，在白天采光会很好，但是到了晚上做清洗工作就只能依靠厨房的主灯。但主灯一般都安装在厨房的正中间，这样当人站着水槽前正好会挡住光源，所以需要在水槽的顶部预留光源。希望效果简洁点，可以选择防雾射灯；想要增加点小情趣的话，可以考虑造型小吊灯。

▲ 厨房临窗的水槽上方宜安装小吊灯作为辅助照明

九、卫浴间灯饰照明方案

卫浴间以柔和的光线为主，照度要求不高，但要求光线均匀，灯饰本身还要具有良好的防水功能、散热功能和不易积水的功能，材料以塑料和玻璃为佳，方便清洁。

因为卫浴间一般都比较狭小，很容易有一些灯光覆盖不到的地方，加上湿滑的地面，造成意外事故的例子也很多，所以除了主灯之外，非常有必要增加一些辅助灯光，如镜前灯、射灯。但是，卫浴间也不能过于明亮，否则会让人缺乏安全感，尤其是沐浴的时候，柔和一点的灯光能让人放松心情。

▲ 卫浴间的灯饰应具备防水和易清洁等特点

1. 小面积卫浴间照明

如果卫浴空间比较狭小，可以将灯饰安装在吊顶中间，这样光线四射，给人从视觉上有扩大之感。考虑到狭小卫浴间的干湿分区效果不理想，所以不建议使用射灯做背景式照明。因为射灯虽然漂亮，但是防水效果普遍较差，一般用不了多久就会失效。

▲ 小面积卫浴间宜把灯饰安装在吊顶中间

2. 大面积卫浴间照明

大面积卫浴间的灯饰照明可以用壁灯、吸顶灯、筒灯等。由于干湿分离普遍较好，因此小卫浴间中不方便使用的射灯，在这里可以运用起来。射灯适合安装在防水石膏板吊顶之中，既可对准面盆、坐便器或浴缸的顶部形成局部照明，也可以巧妙设计成背景灯光以烘托环境气氛。

▲ 大面积卫浴间可采用吊灯、壁灯、筒灯等多种组合的照明

3. 镜前区照明

在通常情况下，如果镜前区域的灯光没有过多的要求，那么可考虑在镜面的左右两侧安装壁灯。如果条件允许，也可在镜面前方安装吊灯，这样一来，灯光可直接洒向镜面。但同时要保证照明光线的柔和度，否则容易引起眩光。

▲ 镜面左右两方安装壁灯是最常见的镜前照明形式

4. 坐便区照明

在为坐便区选择照明灯饰时，应当将实用性与简约性放在首位，即使仅仅为其安装一盏壁灯，也可起到良好的照明效果。但如果想利用灯光设计为此处增加几分艺术感，那么就需要加入一些具备装饰性的灯光处理。

▲ 坐便器的上方安装一盏壁灯起到良好的照明效果

5. 镜柜照明

卫浴间有镜柜时，可以在柜子上方和下方安装灯带，照亮周围空间。采用这种灯光处理方式，不仅能够提升镜边区域的照明亮度，还可大幅度提升镜面在空间中的视觉表现力，化妆时也会减少面部阴影。此外，夜里上厕所时只打开灯带，不会因为灯光太亮而影响睡眠。

▲ 镜柜的上下方安装灯带，提升镜面的视觉表现力

○○○ 第七节

灯饰照明实战案例

Lighting

特邀软装专家

蔡鹤群

近十年室内设计工作经验，其中有五年地产样板房和会所软装设计经验。中国建筑学会室内设计分会会员。提倡要将空间、功能和人文三者相结合的设计理念。热爱生活，享受设计。擅长美式、现代、欧式等设计风格。

◎ 极富豪华感的多头吊灯

长椭圆形的吊灯，与空间中的格局和吊顶的走向一致，在形态上相互统一。多头的灯罩形成了豪华感，灯罩下方吊坠的玛瑙石，也和空间当中的软装和家居中的配色相互呼应。同时，在吊顶上增加了点光源，打亮了墙面上的饰品和家具上的摆件，创造了多层次的光氛围。

◎ **带来视觉震撼的倒挂型大吊灯**

客厅中采用体型非常巨大的倒挂形吊灯，这是异于常规的布灯方式，形成了夸张新颖的视觉效果。材质上采用了环形编织的木皮作为表面，使内部灯光发散出多层次的效果，同时与这个空间中休闲的感觉也相得益彰。在空间的其他区域采用了明装的射灯，作为墙面或地面等需要照射的艺术品的点光源照明。

◎ **吊灯与壁灯结合的楼梯照明**

卫星状的主吊灯的曲线与楼梯的弧度形成了很好的形态上的呼应，同时白色的材质与墙面上的木作类的颜色相近，达到了很好的统一。在人工的照明处理上，主吊灯起到了主照明的作用，同时辅以楼梯间的几组壁灯，围绕着楼梯的垂直维度依次上升安装，增加了灯光的层次，同时又兼顾到楼梯间的辅助照明。

◎ **金色壁灯作为空间点睛之笔**

一对水滴状的金色壁灯，在这个空间的小景中，绝对是点睛之笔。与其他软装饰品同类化的材质处理，不但使这对吊灯很好地融合进了空间氛围，同时打开的灯光与台面上装饰品的三角形构图形成了很好的画面互补关系。

◎ 黑色吊灯成为空间视觉中心

空间中主灯的黑色材质与单人沙发的黑色条纹相互呼应，是这个空间中比较重的颜色，起到了视觉中心的作用。八个锥形灯泡采用磨砂的材质，不会让灯光刺眼。同时，在远端采用了银白色金属灯罩的台灯，弱化了存在感，不会去抢夺视觉焦点，但又能满足写字台上的基础照明作用。

◎ 金色灯具与绿色墙面的经典搭配

金色的圆盘状瀑布形管状吊灯，与空间中墨绿色的背景形成了绿色加金色的经典奢华搭配。同时在灯具的造型上，也形成了一个倒锥形的视觉焦点，所有光源的指向性更接近于台面，能够给餐厅这个小区域提供非常好的桌面照明功能。另外，灯具金属的材质与餐桌椅的软性材质形成了软硬度的对比，增加了空间当中质感的丰富度。

◎ 床头区域的艺术光影

卧室中床头背景区域的布光方式多采用顶部中央点光源配以台面台灯的形式。靠墙顶部中央的主光源打亮了床头区域，形成的光影比较有艺术感。同时，台灯的光源也起到了间接照明的作用。台灯本身的造型和质感也与空间中的家具风格相互协调，达到了比较好的统一性。

◎ 铁艺吊灯营造美式风格

采用了典型的美式风格灯具来营造空间的风格。首先，挑高的楼梯间区域采用了双层的塔状吊灯，起到了空间主要照明的作用。同时，在一楼过道的两侧采用三头壁灯，起到呼应和增加细节的效果。在这两种灯具的材质上，也采用了铁艺类的金属材质，达到了整体风格的统一。

◎ 多种光源组合打造浪漫氛围

带有金属的反光质感的餐厅主灯，与墙面的装饰镜以及有反光性的家具的油漆质感相互呼应，形成了画面中的三角构图关系。同时，配合桌面上的蜡烛灯等一些补充性光源，能够为用餐时创造比较浪漫的灯光氛围。

◎ 蓬松质感的吊灯营造休闲感

空间中的主灯采用了米白的色系，与硬装上大面积的深灰色的基调形成效果上的反差。同时，材质上采用了蓬松的质感，与空间当中家具的休闲感相互呼应。在这个空间的其他区域中采用了多点的散性的布光方式，增加了灯光的层次感。

◎ 富有小清新气息的白色藤编吊灯

清新放松的现代空间氛围中，安置了一个看似简单的白色藤编的吊灯，既不突兀于整体氛围中，又能很好地营造轻松的度假氛围。灯饰本身的这种开放性的白色，与沙发和茶几上的白色，以及墙面上装饰画的白色等形成了很好的统一。

◎ 禅意空间采用多种几何造型的灯饰

餐饮空间的楼梯区域，采用了装置化和多点散性的组合布灯方式。主体装饰性的吊灯选择多种几何体的造型，丰富了该区域的顶面装饰化效果。同时，顶面增加了多处的轨道射灯，起到了照亮空间的作用。

◎ 弯曲木条造型的落地灯

美式空间在灯具的材质和形态的选择上采用了弯曲的木条类材质，配合暖色的灯光以及米色的灯罩，重点突出了空间中休闲的感觉。同时，在空间的软硬装各物件的位置关系中也比较注重对比和搭配。背景是深色区域的位置上，采用了米白的灯罩进行前跳。在白色的百叶背景前，只是单纯地强调了木藤条的色彩和形态。这样，一深一浅，一前一后的搭配，使得空间非常有层次感。

◎ 灯饰与家具在材质上形成呼应

空间中的布光方式，采用了中央型配合多点散光的方式，能够创造出比较好的空间灯光氛围。每个区域的主灯都是与该独立功能区的氛围、颜色相互融合呼应，并不显得喧宾夺主。同时，灯饰多采用布艺类的柔软材质，与空间中的主体家具相互配合，达到了比较好的统一性。

◎ 宫灯造型的吊灯表现华贵感

改良的宫灯款装饰吊灯，极富符号特征。整体材质上采用大量的金属配上玻璃的感觉，显得通透又华贵。同时，色彩上非常讲究整体搭配。暗红色、金色呼应了整个空间的其他不同的家具和装饰品，使得整个空间的感觉非常统一，是一个上乘的佳作。

◎ 主次分明的灯光照明

空间主光源的选择上采用了带有夸张、玩味造型的组合型吊灯，与整体空间比较精致的效果产生反差。同时，在远端采用了一对金色的台灯，融合在整个空间的氛围中。这样一主一次、不同感觉的灯具进行混搭，使得空间达到俏皮、戏剧化的效果。

◎ 高低错落的水晶吊灯

长方形的餐桌上面安装了一盏长轴椭圆形的水晶吊灯，在空间的水平维度上形成了统一轴线，增加了视觉的指向性。同时，灯具采用高低错落的水晶头，既能让灯光产生斑驳缤纷的效果，同时材质上也更靠近于华贵的感觉，与空间的整体豪华氛围也相得益彰。

◎ 红色吊灯营造柔美氛围

在空间的休闲一角处，采用了一个红色的编织类的吊灯，不但在颜色的处理上与整个空间的墙顶面的粉红色进行了同类色的处理，同时整个纺线编织的感觉与空间当中很多布艺类的材质进行了呼应。

DECORATION BOOK

第四章 软装壁饰布置

WALL DECORATION

○○○ 第一节

装饰画布置

Wall Decoration

选择装饰画的首要原则是要与空间的整体风格相一致，相对于不同的空间可以悬挂不同题材的装饰画，还有采光、背景等细节也是选择装饰画时需要考虑的因素。通常，古典类的风格适合较为具体的内容，画面也较为精细，体现其稳重大气的内在；现代风格、禅意风格或者混搭个性风格的空间适合选择抽象画。

一、装饰画风格选择

装饰画是墙面不可缺少的“妆容”，不同风格的装饰画会传递出截然不同的居室味道。在这个崇尚个性的年代，挂一幅装饰画，不再仅仅是为了填补墙面的空白，更是体现出居住者的品位。

1. 古典欧式风格装饰画

古曲欧式风格的空间一般选择复古题材的人物或风景油画。古典欧式油画具有贵族气息，色彩明快亮丽，主题传统生动，如果在色彩上跟其他软装配饰互相呼应，可以使得空间更加和谐，成为一道更精致的风景。

古典欧式装饰画的画框往往从材质、颜色上与家具、墙面的装饰相协调，采用金色画框显得奢华大气，银色画框沉稳低调。厚重质感的画框对古典油画的内容、色彩可以起到很好的衬托作用。

▲ 金色画框的欧式风格油画

▲ 质感厚重的画框对油画起到更好的衬托作用

2. 新中式风格装饰画

新中式风格兼具中式元素与现代材质，装饰画通常采取大量的留白，渲染唯美诗意的意境。画作的选择以及与周围软装配饰的层次构造非常关键，选择色彩淡雅、题材简约的装饰画，无论是单个欣赏还是搭配花艺等陈设，都能美成清雅含蓄的散文诗。

新中式装饰画的选择应同现场的陈设以及空间形状相呼应，根据挂画区域大小选择画框的形状跟数量，通常用长条形的组合画能很好地点化空间，内容为水墨画或带有中式元素的写意画，例如完全相同的或主题成系列的山水、花鸟、风景等装饰画。

▲ 大量留白的装饰画隐含中国传统文化中的方圆之道

▲ 长条形新中式挂画组合

3. 法式风格装饰画

法式风格装饰画擅于采用油画的材质，以著名的历史人物为设计灵感，再加上精雕的金属外框，使得整幅装饰画兼具古典美与高贵感。当然，金属质地的油画应选择挂在色彩简单的背景墙上，才能够形成视觉焦点。除了经典人物画像的装饰画，法式风格空间装饰画也可以采用花卉的形式，表现出极为灵动的生命气息。

法式风格装饰画从款式上可以分为油画彩绘或是素描，两者都能展现出法式情调，素描的装饰画一般以单纯的白色为底色，而油画的色彩则需要浓郁一些。

▲ 法式乡村风格挂画表现出复古格调

▲ 法式新古典挂画通常以金属边框搭配经典人物画像

4. 现代简约风格装饰画

现代简约风格中，装饰画选择范围比较灵活，抽象画、概念画以及未来题材、科技题材的装饰画等都可以尝试一下。色彩上选择带亮黄、橘红的装饰画能点亮视觉，暖化大理石、钢材构筑的冷硬空间。

▲ 抽象画较多应用于现代简约风格空间

▲ 白色边框与适度留白是现代简约风格装饰画的特点之一

5. 现代轻奢风格装饰画

现代轻奢空间于浮华中保持宁静，于细节中彰显贵气。抽象画的想象艺术能更好地融入这种矛盾美的空间里，既可以在墙上挂一幅装饰画，也可以把多幅装饰画拼接成大幅组合，制造强烈的视觉冲击。轻奢风的装饰画画框以细边的金属拉丝框为最佳选择，最好与同样材质的灯饰和摆件进行完美呼应，给人以精致奢华的视觉体验。

▲ 轻奢风装饰画的金色画框与玄关柜的拉手和支脚相呼应

▲ 细边金色画框更能体现出轻奢风格的精致感

6. 现代时尚风格装饰画

现代时尚空间简约明快、时尚大方，装饰画尽量选择单一的色调，但可以与分布在不同位置、不同材质的家居软装配饰作为呼应。抱枕、地毯和小摆件都可以和装饰画中的颜色进行完美融合。此外，现代时尚风格空间也可以运用视觉反差的方法选择装饰画，例如在黑白灰的格调中采用明黄色的抽象画提亮空间，打造另类个性的空间气质。

▲ 大幅单色装饰画呼应后现代风格的设计主题

▲ 细边金色画框更能体现出轻奢风格的精致感

7. 美式乡村风格装饰画

美式乡村风格以自然怀旧的格调凸显舒适安逸的生活。装饰画的主题多以自然动植物或怀旧的照片为主，尽显自然乡村风味。画框多为做旧的棕色或黑白色实木框，造型简单朴实，可以根据墙面大小选择合适数量的装饰画错落有致地摆列。

▲ 做旧的实木画框尽显美式乡村风格的特点

▲ 美式风格装饰画常见花鸟图案

8. 田园风格装饰画

田园风格的特点是给人放松休闲的居住体验，色彩清新、鸟语花香的自然题材是空间搭配的首选。装饰画的选择以让人感觉自然温馨为佳，画框也不宜选择过于精致的类型，复古做旧的实木或者树脂相框最为适宜。装饰画与布艺靠包的印花可以都选择相同或相近的系列，使空间具有延续性，能将空间非常好地融合在一起。

▲ 自然题材的田园风格装饰画给人放松休闲感

9. 北欧风格装饰画

北欧风格以简约著称，既有回归自然、崇尚原木的韵味，也有时尚精美的艺术感。装饰画的选择也应符合这个原则，题材或现代时尚，或自然质朴，再加上简而细的画框，有助于营造自然宁静的北欧风情。此外，北欧风格的家居中，装饰画的数量不宜过多，注意整体空间的留白。

▲ 北欧风格装饰画营造一种自然宁静的氛围

▲ 简而细的画框表现精致时尚的艺术感

10. 波普风格装饰画

波普风格通过塑造夸张的、大众化、通俗化的方式展现波普艺术，色彩强烈而明朗，设计风格变化无常，浓烈的色彩充斥着大部分视觉。装饰画通常采用重复的图案、鲜亮的色彩渲染大胆个性的氛围感。

解构、拼接、重复为波普风格的基础手法，圆点、条纹、菱形以及抽象的图案是最常用的元素。

▲ 波普艺术装饰画完美提升空间的个性气质

▲ 从客厅茶几中提取背景墙装饰画的主色

二、装饰画色彩搭配

装饰画的色彩要与室内空间的主色调进行搭配，一般情况下，两者之间忌色彩对比过于强烈，也忌完全孤立，要尽量做到色彩的有机呼应。例如，客厅装饰画可以沙发为中心，中性色和浅色沙发适合搭配暖色调的装饰画，红色等颜色比较鲜亮的沙发适合配以中性基调或相同相近色系的装饰画。

通常，装饰画的色彩分成两块，一块是框的颜色，另外一块是画芯的颜色。不管如何，框和画芯的颜色之间总要有一个和房间内的沙发、桌子、地面或者墙面的颜色相协调，这样才能给人和谐舒适的视觉效果。最好的办法是装饰画色彩的主色从主要家具中提取，而点缀的辅色可以从饰品中提取。

▲ 装饰画与家具色彩形成对比

▲ 装饰画与家具色彩形成协调

三、不同空间的装饰画布置

装饰画是软装设计中不可忽略的重要组成部分，不同时期的装饰画反映出不同时期的社会文化背景及民族特色，不同的室内空间也因为装饰画的不同而让人产生不同的心理感受，需要掌握一定的技巧。

1. 客厅装饰画布置

客厅是整个家居空间中的重中之重，选择的装饰画并非一定要尺寸大、色彩鲜艳，但一定是可以表达居住者性格和内涵的。装饰画应凸显空间设计格调，或张扬或低调，或质朴或有很高的艺术价值，都需要比较准确无误的表达。

客厅中的装饰画通常挂在沙发背景墙上，数量宜精不宜多，通常不超过三幅，寓意乐观祥和，且符合整个空间的格调。如果装饰画较小，不足以丰富整面墙的表情，增添一些花卉或亮色小物的装饰，沙发背后的风景一样精彩出挑。面积小的客厅既可以利用装饰镜面的折射来拉大视觉效果，选用纵深感强的装饰画同样也是延伸空间的一种手段。

客厅的大小直接影响着装饰画尺寸的大小。通常，大客厅可以选择尺寸大的装饰画，从而营造一种开阔大气的意境。小客厅可以选择多挂几幅尺寸较小的装饰画作为点缀。如果面积不大的墙面只挂一幅过小的装饰画会显得过于空洞，想搭配出一面大气的背景墙，可选择较大幅的装饰画，画面适当地留白，减缓了视觉的压迫，留给人无限遐想的空间。

客厅装饰画的大小比例可以依据黄金比例来计算，用墙面的宽度和高度各自乘以 0.618 来算出装饰画的尺寸。

▲ 客厅悬挂多幅装饰画

▲ 客厅悬挂单幅装饰画

2. 玄关装饰画布置

玄关位置的装饰画吸引着大部分的视线，作为整个空间的“门面担当”，装饰画的选择重点是题材、色调以吉祥愉悦为佳，并与整体风格协调搭配。不宜选择太大的装饰画，以精致小巧、画面简约的无框画为宜。可选择格调高雅的抽象画或静物、插花等题材的装饰画，来展现主人优雅高贵的气质。此外，也可以选择一些吉祥意境的装饰画。数量上通常挂一幅画装饰即可，尽量大方端正，并考虑与周边环境的关系。挂画的高度以平视视点在画的中心或底边向上 1/3 处为宜。

▲ 玄关通常悬挂单幅装饰画

3. 餐厅装饰画布置

餐厅是让人愉快用餐、放松交流的地方，装饰画在色彩与形象上都要符合用餐人的心情，通常橘色、橙黄色等明亮色彩能让人身心愉悦，增加食欲，图案以明快、靓丽为佳。果蔬图案装饰画是餐厅挂画的极佳选择，水果、花卉和色块组合为主题的抽象画挂在餐厅中也是现在比较流行的一种搭配手法。如果餐厅与客厅一体相通时，装饰画最好能与客厅配画相协调。挂画时，建议画的顶边高度在空间顶角线下 60~80cm，并居餐桌中线为宜。

餐厅装饰画选择横挂或竖挂需根据墙面尺寸或餐桌摆放方向。如果墙面较宽、餐厅面积大，可以用横挂画的方式装饰墙面；如果墙面较窄，餐桌又是竖着摆放，装饰画可以竖向排列，减少拥挤感。

▲ 果蔬图案的装饰画最适合餐厅的主题

▲ 餐厅墙面悬挂多幅装饰画注意适当留白

4. 书房装饰画布置

书房是个安静而富有文化气息的功能区，装饰画在题材与色彩上都宜轻松而低调，色彩不要太过鲜艳跳跃，让进入书房的人能够安静而专注地阅读和思考。书房里的装饰画数量一般在2~3幅左右，尺寸不要太大，悬挂的位置在书桌上方和书柜旁边的墙面上。

中式书房内的装饰画宜静而雅，以营造轻松的阅读氛围，渲染“宁静致远”的意境。书法、山水、风景内容的画作来装饰书房通常是最佳选择，当然也可以选择居住者喜欢的题材或抽象题材的装饰画。欧式、地中海、现代简约等装修风格的书房则可以选择一些风景或几何图形内容的装饰画。

▲ 画面雅致的装饰画可创造令人身心愉悦的阅读氛围

▲ 书房装饰画的题材和色彩宜轻松而低调

5. 卧室装饰画布置

卧室是一个让人放松的私密区域，简约平和的低亮度色彩可以保持空间的平和安静，装饰画的选择应以让人心情缓和宁静为佳，避免能引发思考或浮想联翩的题材以及让人兴奋的亮色。

卧室装饰画数量不在多，过多的卧室挂画反而会让人眼花缭乱，一两幅精心挑选的卧室画就已经足够了。除了婚纱照或艺术照以外，人体油画、花卉画和抽象画也是不错的选择。此外，卧室装饰画应根据主人不同年龄段选择不同风格题材的装饰画，老人房尽量选择舒缓自然颜色淡雅的挂画。在悬挂时，装饰画底边离床头靠背上方15~30cm处或顶边离顶部30~40cm最佳。

▲ 卧室床侧边墙上挂画，打破常规的设计富有新意

▲ 卧室床头墙上适合悬挂让人心情缓和宁静的装饰画

6. 儿童房装饰画布置

儿童房主题与色调以健康安全、启迪智慧为主。装饰画的颜色选择上多鲜艳活泼，温暖而有安全感。题材可选择健康生动的卡通、动物、动漫以及儿童自己的涂鸦等，以乐观向上为原则，能够给孩子们带来艺术的启蒙及感性的培养，并且营造出轻松欢快的氛围。

为了给儿童一个宽敞的活动空间，儿童房的装饰应适可而止，注意协调，以免太多的图案造成视觉上的混乱，不利于身心健康。儿童房的空间一般都比较小，所以选择小幅的装饰画做点缀比较好，太大的装饰画就会破坏童真的趣味。但注意，在儿童房中最好不要选择抽象类的后现代装饰画。

▲ 儿童房宜挂富有童趣的装饰画

7. 过道装饰画布置

走道是流动量比较大但不会久留的地方，这里的装饰画不能太贵重，以轻质且不易掉为佳，主题宜偏简洁，不引发驻足思考，构图与色彩尽量保持一致，有利于缓冲视觉疲劳。过道一般都比较窄长，装饰画不宜太大或太满，以免给人压迫感，并注意与其他家具的比例。3~6 幅一组的组合画或同类题材装饰画最合适不过，可高低错落，也可顺势悬挂。

▲ 多幅装饰画的组合成为过道上一道风景线

▲ 过道尽头可悬挂大幅装饰画作为端景装饰

8. 楼梯间装饰画布置

楼梯间是一个流动有活力的区域，此处的装饰画不仅有美化空间的作用，还能改变人的视线，从而提醒人空间的转换。一般楼梯间适宜选择色调鲜艳、轻松明快的装饰画，以组合画的形式根据楼梯的形状错落排列，也可以选择自己的照片或喜欢的画报打造一面个性的照片墙。复式住宅或别墅的楼梯拐角宜选用较大幅面的人物、花卉题材画作。

▲ 色彩鲜艳的装饰画

▲ 楼梯间墙上以组合画的形式错落排列

9. 厨房装饰画布置

厨房是烹饪的场所，很容易产生枯燥沉闷的感觉，所以适合挂一组色彩明快、风格活泼的装饰画，内容应选择贴近生活的画作，例如小幅的食物油画、餐具抽象画、花卉图等，描绘的情态最好是比较温和沉静，色彩清丽雅致。也可以选择一些具有饮食文化主题的装饰画，会让人感觉生活充满乐趣。此外，注意装裱厨房装饰画时一般应选择容易擦洗、不易受潮、不易沾染油烟的材质。

▲ 厨房适合选择花卉图案的装饰画

10. 卫浴间装饰画布置

卫浴间的装饰画需要考虑防水防潮的特性，如果干湿分区，那么可以在湿区挂装裱好的装饰画，干区建议使用无框画，像水墨画、油画都不是太适合湿气很多的卫浴间环境。画面内容以清新、休闲、时尚为主，也可以选择诙谐幽默的题材，体现居住者热爱生活的一面。装饰画的色彩应尽量与卫浴间瓷砖的色彩相协调，面积不宜太大，数量也不要太多，点缀即可。

▲ 卫浴间湿区适合悬挂装裱镜框的装饰画

▲ 卫浴间干区适合悬挂趣味题材的无框装饰画

四、装饰画边框选择

挑选装饰画不能只关注画面内容的表现，而忽略了边框的颜色与材质。不同装饰风格要选择不同的边框，甚至是没有边框的装饰画。通常，经典、厚重或者华丽的风格需要质感和形状都很突出的边框来衬托，而现代极简一类的风格，往往需要弱化边框的作用，给人以简洁的印象。对于内容比较轻松愉悦的装饰画而言，细框是最合适不过的选择。混搭风格的空间，对于装饰画边框的限制比较小，可以采用不同材质的组合、雕花边框和光面边框的组合、有框和无框的组合。

装饰画边框的宽窄最终还是需要符合画作的基调与想要传达的内容。就如同博物馆中的那些著名画作一样，如果画作本身足够出色，那么即使是搭配最简单的线条也会吸引人的眼球。过宽的边框会让装饰画看起来太过沉重，过于细窄的边框则会让一幅严谨的作品看上去同海报般无足轻重。

此外，装饰画边框的选择不仅仅跟设计风格有关，而且还要尽量做到与所处墙面的质感和色彩拉开少许的层次，或者是用画的本身来与之拉开层次。

▲ 雕花边框装饰画

▲ 细框装饰画

▲ 无框装饰画

1. 装饰画边框材质

装饰画的边框材质多样，有实木边框、聚氨酯塑料发泡边框、金属边框等，具体根据实际的需要搭配。一般来说，实木边框适合水墨国画，造型复杂的边框适用于厚重的油画，现代画选择直线条的简单画框。

▲ 实木画框

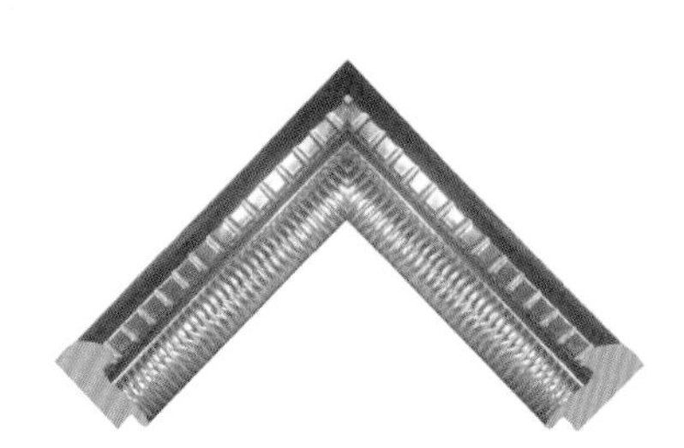

▲ 发泡画框

▲ 金属画框

▲ 银色画框可使画面更加温馨与浪漫

2. 装饰画边框色彩

装饰画边框的色彩可以很好地提升作品的艺术性，选择合适的边框颜色要根据画作本身的颜色和内容来定。如果想要营造宁静典雅的氛围，画框与画面使用同类色；如果要产生跳跃的强烈对比，则使用互补色。黑色的画面搭配同色的画框需要适当留白，银色画框则可以很好地柔化画作，使画面看起来更加温暖与浪漫。

▲ 黑色画面搭配同色画框应注意适当留白

▲ 形成互补色的画面与画框富有视觉冲击力

五、装饰画尺寸选择

在选择装饰画的时候，首先要考虑的是所挂置的墙面大小。如果墙面留有足够的空间，自然可以挂置一幅面积较大的进行装饰。可当空间比较局促的时候，就应当考虑面积较小的装饰画，这样不会留下压迫感，同时为墙面适当留出空白，更能突出整体的美感。

装饰画的尺寸不可以小于主体家具的 2/3，例如沙发长 2m，那么装饰画的长度则为 1.4m 左右。如果选用组合画进行装饰，例如挂三幅组合画，那么每幅画大概相隔 5~8cm，单幅画的尺寸在 60cm×60cm 左右，具体需要根据实际情况进行调整。

▲ 装饰画与沙发的尺寸比例关系

六、装饰画数量选择

室内空间的装饰画坚持宁精勿多的原则。在一个空间环境里形成一两个视觉点就已经足够。例如，在客厅、玄关等墙面挂上一幅装饰画，把整个墙面作为背景，让装饰画成为视觉的中心。不过，除非是一幅遮盖住整个墙面的装饰画，否则就要注意画面大小与墙面大小的比例要适当，左右上下一定要适当留白。

如果想要在空间中挂多幅装饰画，应考虑画和画之间的距离，两个相同的装饰画之间距离一定要保持一致，但是不要太过于规则，还需要保持一定的错落感。如果是悬挂大小不一的多幅装饰画，则不是以画作的底部或顶部为水平标准，而是以画作中心为水平标准。当然，同等高度和大小的装饰画就没有那么多限制了，整齐对称排列就好。

▲ 单幅装饰画容易成为空间的视觉中心

▲ 悬挂多幅装饰画要考虑好画与画之间的距离

七、装饰画悬挂高度

装饰画的悬挂高度影响到欣赏时的舒适度。通常人站立时候，视线的平行高度或者略低的位置是最佳观赏高度。所以单独一幅装饰画不要贴着吊顶之下悬挂，即使这就是观者的水平视线，也不要挂在这个位置，否则会让空间显得很压抑。

如果在空白墙上挂画，挂画高度最好就是画面中心位置距地面 1.5m 处。有时，装饰画的高度还要根据周围摆件来决定，一般要求摆件的高度和面积不超过装饰画的 1/3，并且不能遮挡画面的主要表现点。当然，装饰画的悬挂更多是一种主观感受，只要能与环境协调，不必完全拘泥于数字标准。

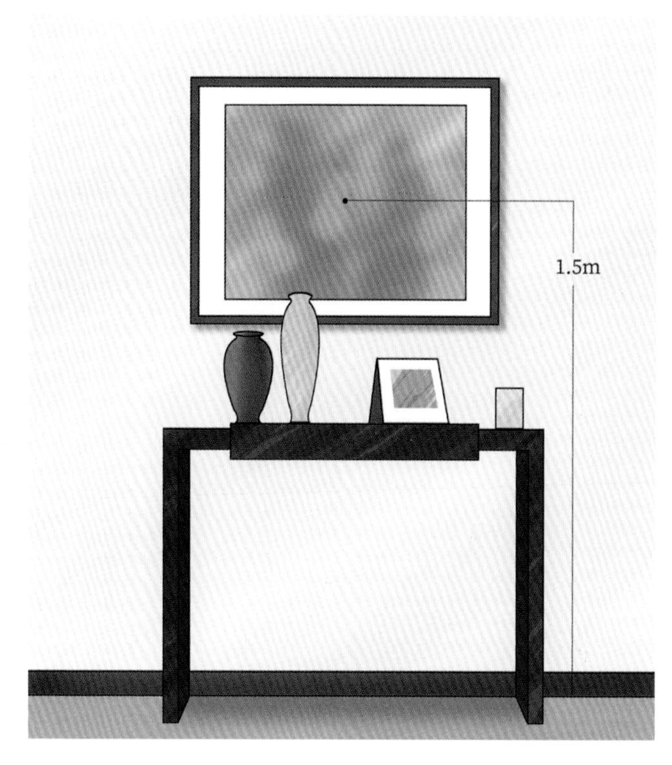

▲ 画面中心位置距地面 1.5m 处是挂画的合适高度

八、装饰画悬挂方式

空无一物的墙面有很多可以发挥的空间，但切忌把装饰画填鸭式地挂满墙面。挂画时，应注意画框的线条与空间中线条的延伸、呼应与互补，才不致使画位突兀。数量少、幅面大、规则排放的画组会让空间显得沉稳、简洁、严肃，而多幅、小尺寸且不规则排列的画组会使空间相对丰满、亲切和灵动一些。过于复杂的排列手法在一定程度上有可能会使空间变得凌乱以及没有重点。

此外，挂画前一定要安排好悬挂画作的尺寸、数量和间隔。谨慎起见，可拍一张所在墙面的照片，在电脑上模拟规划一下。

1. 单幅式悬挂法

如果所选装饰画的尺寸很大，或者需要重点展示某幅画作，又或是想形成大面积留白且焦点集中的视觉效果时，都适宜采用单幅悬挂法。要注意，所在墙面一定要够开阔，避免形成拥挤的感觉。

2. 对称式悬挂法

一般多为 2~4 幅装饰画以横向或纵向的形式均匀对称分布，画框的尺寸、样式、色彩通常是统一的，画面内容最好选设计好的固定套系。如果想单选画芯搭配，一定要放在一起比对是否协调。

3. 连排式悬挂法

三幅或以上的装饰画平行连续排列，上下齐平，间距相同，一行或多行均可，画框和装裱方式通常是统一的，最好选择成品组合。这种悬挂方式能制造强大的视觉冲击力，不过不适合房高不足的房间。单行多幅连排时，画芯内容可灵活一些，但要保持画框的统一性，以加强连排的节奏感，适合于过道这样空间面积很大的墙面。

4. 中线对齐式悬挂法

让上下两排大小不一的装饰画集中在一条水平线上，随意感较强。照片最好表达同一主题，并采用统一样式和颜色的画框，整体装饰效果更好，既有灵动的装饰感，又不显得凌乱。

5. 混搭式悬挂法

采用一些挂件来替代部分装饰画，并且整体混搭排列成方框，形成一个有趣的更有质感的展示区，这样的组合适用于墙面和周边比较简洁的环境，否则会显得杂乱。混搭悬挂法法尤其适合于乡村风格的空间。

6. 视线引导式悬挂法

沿着楼梯的走向，或沿着屋顶、墙面、柜子，在空白处挂满装饰画，不仅具有引导视线的作用，而且表现出十足的生活气息。这种装饰手法在早期欧洲盛行一时，特别适合房高较高的房子。

7. 搁板陈列法

利用墙面搁板展示装饰画更加方便，可以在搁板的数量和排列上做变化，例如选择单层搁板，多层搁板整齐排列或错落排列。注意搁板的承重有限，更适宜展示多幅轻盈的小画。此外搁板上最好要有沟槽或者遮挡条，以免画框滑落伤到人。

8. 发散式悬挂法

选择一幅最为喜欢的装饰画作为中心，再在布置一些小画围绕做发散状。如果照片的色调一致，可在画框颜色的选择上有所变化。这种挂画方式通常可以表现出很强的文艺气息。

○○○ 第二节

照片墙布置

Wall Decoration

照片墙是由多个大小不一、错落有序的相框悬挂在墙面上而组成，是最近几年比较流行的一种墙面装饰手法。它的出现将不仅带给人良好的视觉感，同时还让家居空间变得十分温馨且具有生活气息。

一、照片墙风格选择

在打造照片墙之前，首先应根据不同的家居风格选择相应的相框、照片以及合适的组合方式。如果直接贸然安装，最终照片墙所呈现出的效果肯定不会理想。

欧式风格空间可以选择质感奢华的金色相框或者雕花相框，并选择尽量规整的排列组合形式，以免破坏华丽古典的整体氛围。

美式乡村风格空间中，做旧的木质相框更能表现出复古自然的格调，也可以采用挂件工艺品与相框混搭组合布置的手法。

田园风或者小清新格调的照片墙可以选择原木色或者白色的相框，形状建议选择长方形或者菱形。

如果是比较时尚前卫的现代风格，相框色彩选择上可以更加大胆，组合方式上也可以更个性化。

如果喜欢特殊形状，比如说心形或者是正方形，可以在安装之前画好具体的大小以及位置。

▲ 欧式风格照片墙

▲ 现代风格照片墙

▲ 田园风格照片墙

▲ 美式乡村风格照片墙

二、照片墙相框尺寸

在相框的形状和尺寸上，小的有 7 寸、9 寸、10 寸，大的有 15 寸、18 寸和 20 寸等。布置时，可以采用大小组合，在墙面上形成一些变化。另外，还可根据照片的重要性和对它的喜爱程度，进行尺寸的强调或者弱化。如果是有纪念意义的照片，可以选择大的尺寸；一些随手拍回来的风景或者特写，则可以用小一些的尺寸。

▲ 大小不一的相框组成的照片墙富有变化感

三、照片墙相框材质

打造照片墙的相框主要有木质、铁艺、树脂等材质。其中木质相框简单大方，非常百搭，而且材质环保。不过，应尽量选择纯实木质地的相框，因为非实木的木质相框容易碎，而且质感差，观感也不好。相框的玻璃建议选择透明有机 PVC 玻璃，能更好地保护相片，常用的石英玻璃容易碎。

此外，还要注意相框是否采用了水性环保漆、是否含有甲醛等有害物质、是否符合相关环保标准等。

▲ 木质相框

▲ 树脂相框

▲ 铁艺相框

四、照片墙组合方式

打造照片墙之前要先量好墙面的尺寸大小，再确定用哪些尺寸的相框进行组合。一般情况下，照片墙的大小最多只能占据三分之二的墙面空间，否则会给人造成压抑的感觉。至于组合形状，完全可以个人的喜好来充分发挥创意。可以选择长方形、正方形、心形、圆形，也可以是菱形、近菱形和不规则形。

如果是平面组合，相框之间的间距以 5cm 最佳，太远会破坏整体感，太近会显得拥挤。宽度 2m 左右的墙面，通常比较适合 6~8 框的组合样式，太多会显得拥挤，太少难以形成焦点。墙面宽度在 3m 左右，那么建议考虑 8~12 框的组合。

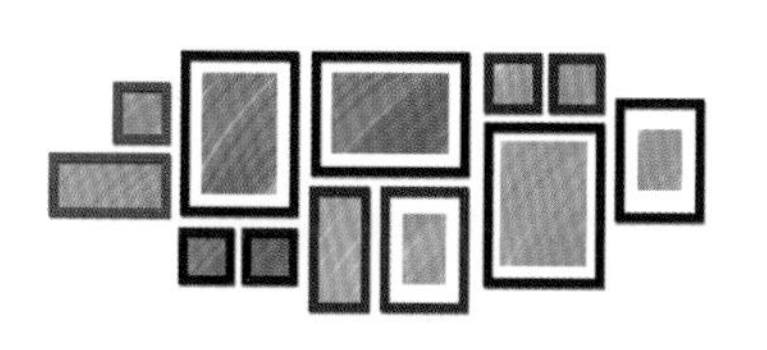

▲ 不规则形照片墙

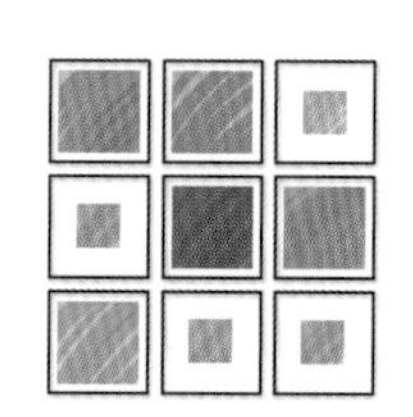

▲ 正方形照片墙

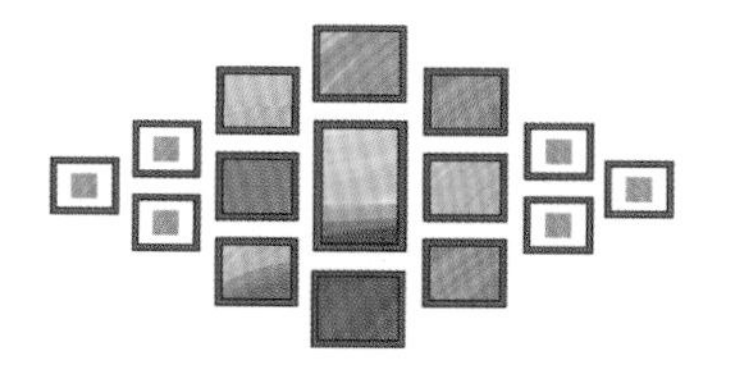

▲ 菱形照片墙

▲ 心形照片墙

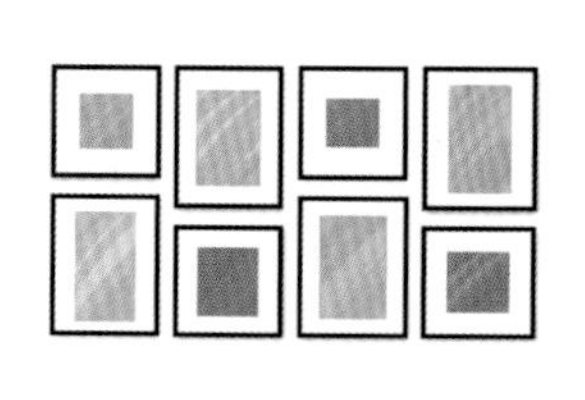

▲ 长方形照片墙

▲ 圆形照片墙

五、不同空间的照片墙布置

照片墙在家居空间中适用的地方很多，可以在客厅中作为沙发墙的背景装饰，也可以利用过道墙面把照片错落有致地挂在空白的墙面上。但是，不论在哪个区域布置照片墙，都一定要先规划好空间，然后计算出照片墙的大小和数量。

1. 客厅照片墙布置

客厅是平时待客的地方，将居住者喜欢的照片在这里进行展示，不但可以使空间更温馨，还可以用图像的方式把自己的故事讲述出来。沙发背后的墙面比较开阔，如果想做成密集感的照片墙首选此块区域，可轻松成为客厅视觉焦点。此外，还可以选择两面墙的转角处，起到相互呼应的效果。如果将喜欢的照片制作成电视背景墙，也是一个不错的选择。

客厅照片墙的尺寸可以自己调节，留白的方式更富有文艺气息。相框颜色的选择需要和装修的整体风格相一致，空间整体色调偏冷时，可以选择暖色调的地毯和抱枕进行装饰。如果觉得矩形的相框略显呆板，可以选择圆形的装饰元素。如果相框数量多尺寸又差异较大的话，选择上下轴对称为好，但不要形成镜面反射般的精确对称，这样会显得过于死板。

▲ 客厅沙发背后的墙面是打造照片墙的最佳位置

2. 餐厅照片墙布置

照片墙在餐厅中的运用也比较广泛。餐厅空间较小的话，可以选择单一大张照片；餐厅空间较大时，可以选择一组照片进行装饰。餐厅照片墙的色彩搭配还要考虑相片本身的色彩。黑色和白色既可复古，也可现代。如果担心太多彩色照片组合在一起会让墙面显得凌乱，那么最简单的解决方案就是选择黑白照片，或者用黑白照片搭配少数几张彩色照片，降低把控色彩的难度。

▲ 形状大小不一的相框组合打造一面餐厅照片墙

3. 卧室照片墙布置

卧室是一个私密空间，照片的内容更加私人化，在照片墙的设置上也更加轻松、自由。照片不一定要布满卧室的整面墙，可以布置于墙面的一侧，相框颜色与家具的颜色相呼应，使整个空间的搭配更加和谐。最通常的做法是在床头墙上单独挂一张超大照片，如果还是觉得太空，希望墙面能再丰满一点，不妨放上一横一竖两张主图，再用几张小图填补空白，既不失简洁，又有错落感。如果将照片集中在床头位置略显单调，可以搭配不同材质、不同形状的饰品。

▲ 利用卧室床头上方布置一面照片墙

▲ 床头靠窗的卧室利用侧边墙面打造照片墙

4. 楼梯照片墙布置

一些复式公寓可能会出现楼梯照片墙，这个区域的照片墙其实很难设计，考虑到拾级而上时要能看清大多数图片，所以不能摆得太水平，但斜线往上又很难操控。建议每隔两个阶梯，往上等距离摆放一组图片，这一组图片可以由一张大图构成，也可以由数张小图构成，但是形状和尺寸要有相似性或者规律性。

还有一种办法是画出一条与楼梯完全平行的斜线，所有照片均匀分布在该平行线的两侧，或将随着楼梯的高度而上升，再加上暖色的灯光，让此处成为最充满回忆的地方；另外，在楼梯旁的墙上由低到高挂上不同年龄的照片，也是一个不错的选择。

▲ 照片均匀分布在与楼梯完全平行的斜线两侧

5. 过道照片墙布置

过道空间是打造照片墙的极佳位置，除了表现生活气息之外，还可以缓解狭长过道所产生的压抑感。如果过道上没有柜子，可随意选取几张生活照或旅游风景照挂在墙上，高低错落；倘若过道上有玄关柜，那么照片墙应结合柜子一起考虑。如果柜子上没有任何台灯、花瓶等摆件，就可以把照片组合成一个略窄于柜子宽度的形状即可；但是如果柜子上有别的摆件，就要把摆件造成的视觉效果考虑进去。

▲ 过道照片墙充满浓郁的生活气息

○○○ 第三节

工艺挂镜布置

Wall Decoration

挂镜是每一个家居空间中不可或缺的软装元素之一，巧妙的镜面使用不仅能让它发挥应有的实用功能，更能够让镜面成为空间中的一个亮点，给室内装饰增加许多的灵动。在选择挂镜的时候也需要分不同的外观进行挑选，与室内装饰相搭配的挂镜才能带来最好的装饰效果，而不是让镜子在空间显得突兀。

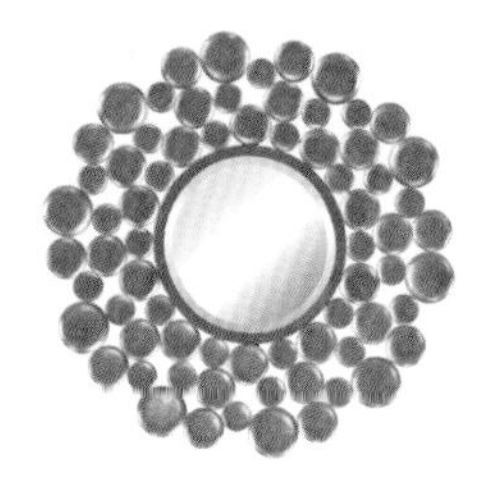

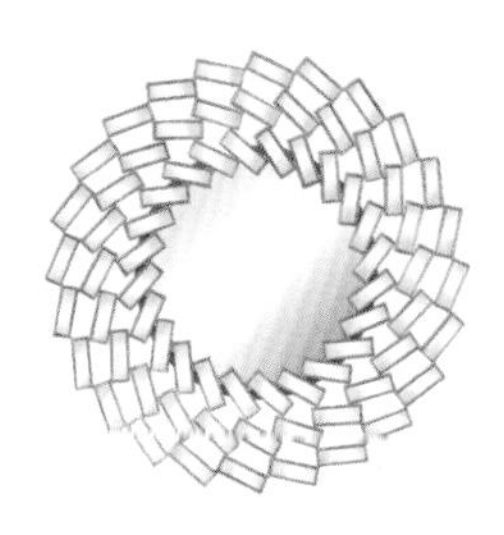

一、挂镜功能

很多人对于挂镜的用途仍停留在它最原始的功能基础上，如出门前的衣装整理或是装扮仪容等。其实，在家居装饰上，镜面也有它的独特装饰作用。

1. 装饰作用

如今，挂镜的造型越来越多样化，也成为软装配饰的重要组成部分，进行软装搭配时应尽量选择一些装饰性比较强的镜面和室内的家具相互调节搭配，以此来提升空间品质感。

挂镜还可以通过简单的排列传递出不同的效果。同样是用来为居室扩容，把一些边角经过圆润化处理的小块镜面组合拼贴在墙面上，富于变化的造型带来更加丰富的空间感觉，展现出生活的多姿多彩。

▲ 圆形小块镜面组合拼贴更具装饰作用

▲ 装饰性较强的挂镜可提升空间品质感

2. 空间扩容

在空间狭小、层高低矮的房间里，可用挂镜来补充空间的缺陷。如果空间局促，适当运用挂镜可以扩展和延伸空间，从视觉上调整房间的狭窄感。例如狭长走廊式的玄关，原本在摆放了玄关柜之类的家具后就更显得拥挤，这时搭配一面镜子，就会从视觉上改变小玄关的狭长逼仄感。而在层高不是很高的房间里，可以在顶面巧妙运用镜子，给人一种深高的错觉。

想要利用挂镜实现空间扩容的话，对于镜子本身的造型没有太多要求，只需一面简单的镜子即可。但需要注意的是放置镜子时的角度问题。斜放的镜面可以拉升空间高度，适合比较矮的房间；而整块运用或是直角运用就能成倍加大空间视觉面积。

▲ 多块挂镜组合使用，更大程度增大空间视觉面积

▲ 室内过道可通过挂镜改变视觉上的狭长逼仄感

3. 补充光线

挂镜能够反射光线的特点也被用来解决一些采光不好、幽闭的空间的户型缺陷。可以将挂镜安放在一些光线比较弱的地方，利用折射的原理将自然光线或其他空间的灯光引入，可以使房间的视觉感得到提亮，也会消除空间的压迫感。

▲ 利用挂镜提亮光线较弱的角落空间

二、常见挂镜形状

住宅空间中的挂镜有各种各样的造型，每一种形状都有它的独特性，每一种款式都会产生不同的视觉效果。

1. 方形

以正方形或长方形居多。特点是简单实用，覆盖面较广，甚至可以照到整体仪容。许多场合都能见到这种形状的镜子，容易与周围环境相搭配，适合现代简约风格空间。

2. 圆形

有正圆形与椭圆形两种，正圆形的往往只能照到脸部，椭圆形的挂镜一般比圆形的面积稍大，有的可以照见上半身。造型上经常配有雕塑感的镶边，材质多为塑料或金属，单片挂在墙上显得华丽典雅，适合古典与奢华类家居风格。

3. 多边形

多边形挂镜棱角分明，线条不失美观，整体风格较为简约现代，是除了方形镜子外不错的选择。有的多边形挂镜带有金属镶边，增添了一些奢华感。

4. 曲线形

边缘线条呈曲线状，造型活泼，风格独特，适合年轻活泼的家居风格，多片镜子组合成造型使用效果更佳。

三、挂镜布置的法则

住宅空间中不能大量、过分地使用镜面，否则会引起视幻觉，扭曲人的正确判断，人眼会出现持续疲劳。若家中人口不多，切忌在房中装饰太多或太大的镜子和隔断，否则容易让人产生冷感。

1. 挂镜颜色选择

镜面有金色、茶色、黑色、咖色等多种颜色，可以根据不同的风格进行选择。不过，如果用于家居装饰，可以多考虑采用茶色镜面。茶镜可以营造朦胧的反射效果，不但具有视觉延伸作用，增加空间感，也比一般镜子更有装饰效果，既可以营造出复古氛围，也可以凸显时尚气息。茶镜与白色墙面或是浅色素材搭配时，更能强化视觉上的对比感受。

▲ 茶镜适合表现时尚轻奢的气质

2. 挂镜布置的位置选择

运用挂镜装饰墙面，建议最好将镜子安装在与窗户呈平行的墙面上，可以将窗外的风景引入室内，增加室内的舒适感和自然感。如果条件不够，挂镜不能安装在这个位置上，那么就要重点考虑反射物的颜色、形状与种类，避免室内显得杂乱无章。可以在挂镜的对面悬挂一幅装饰画或干脆用白墙加大房间的景深。此外，由于阳光照在镜面上会对室内造成严重的光污染，起不到装饰效果的同时还会对家人的身体健康产生影响，所以在为镜子选择位置时，一定要避免被阳光直射的墙面。

▲ 利用挂镜反射景致，增加室内的舒适感与自然感

▲ 利用卧室墙上的挂镜把窗外的自然采光与风景一并引入室内

3. 挂镜安装高度

安装挂镜首先要规划好高度，不同的房间中对镜子的安装也有不同的要求。一般来说，小型的挂镜保持镜面中心离地 160~165cm 为佳，太高或者太低都可能影响到日常的使用。

四、不同空间的挂镜布置

1. 玄关挂镜布置

一般房子的玄关面积都不算大，因此借助挂镜的反射作用来扩充其视觉空间是再合适不过的了，不仅改变了小玄关的窄小紧迫感，而且进出门时还可以利用玄关镜子整理自己的仪表，真可谓是一举两得。

直接对门的玄关通常不适合挂大面镜子，可以设置在门的旁边；如果玄关在门的侧面，最好一部分放镜子，和玄关成为一个整体；但如果是带有曲线的设计，也可以全用镜子来装饰。

▲ 玄关挂镜适合布挂在侧面的墙上，避免安装在正对入口的墙面

2. 过道挂镜布置

狭长的走道常常让人感到不适与局促。要化解这类户型缺陷，可以在走道的一侧墙面上安装大面挂镜，既显得美观，又可以提升空间感与明亮度。注意，过道中的挂镜宜选择大块面的造型，横竖均可，面积太小的挂镜起不到扩大空间的效果。

▲ 过道墙上的挂镜除装饰之外，还可提升空间感

3. 客厅挂镜布置

客厅中运用挂镜，首先可以起到装饰作用。例如，欧式风格的住宅空间常常在会客厅壁炉上方或者沙发背景墙上装饰华丽的挂镜提升房子的古典气质。其次，可以借助镜子的反射延伸视觉。例如，对于一些客厅比较狭长的户型来说，在侧面的墙上安装镜子可以在视觉上起到横向扩容的效果，让客厅感觉到宽敞。至于挂镜的尺寸和颜色，可以根据客厅的面积和格局的具体情况进行选择。

在客厅的某个角落处巧用镜子，也是一个很不错的选择。因为通常角落处的光线较为不足，空间也较为局促，比如读书休闲区。只要在低矮柜子的墙面上用挂镜装饰，就多增加一面墙的反光照射，加强亮度，延伸空间。

▲ 客厅沙发墙上的挂镜取代挂画的装饰作用

▲ 客厅挂镜适合布置在壁炉上方，通过反射沙发墙上的装饰画增加室内美观度

4. 餐厅挂镜布置

餐厅是最适合装饰挂镜的地方，因为餐厅中的镜子可以照射到餐桌上的食物，能够促进用餐者的味觉神经，让人食欲大增。挂镜也是新古典、中式、欧式以及现代风格餐厅中的常用软装元素，可以有效提升空间的艺术氛围。如果餐厅中布置了餐边柜，也可以把镜子悬挂在餐边柜的上方。

有些餐厅空间较为狭小局促，小餐桌选择靠墙摆放，容易受到来自墙壁的无形的压迫感，这时可以在墙上装一面比餐桌宽度稍宽的长条形状的镜子，消除靠墙座位的压迫感，还能增添用餐情趣。

▲ 挂镜对于面积不大的餐厅来说，不仅可以起到扩容作用，而且还有丰衣足食的美好寓意

5. 卧室挂镜布置

虽然说在卧室中布置挂镜从传统角度来说是忌讳的，不过在现代设计中只要位置得当也无伤大雅，但是挂镜最好不要对着床或房门，因为居住者夜里起床，意识模糊时看到镜子反射出来的影像会受到惊吓。

卧室里的挂镜除了用作穿衣镜，还可以用来放大空间，化解狭小卧室的压迫感。可以在卧室墙上做出一些几何图形，在里面安装镜子，既有扩大空间的效果，又能使卧室的装饰效果显得极具个性，让人眼前一亮。此外，挂镜不仅可以用在卧室的墙上，也可以把衣柜门换成镜面装饰，使空间有横向扩展的感觉。

▲ 几何形状的挂镜显得极具个性

▲ 卧室挂镜适合布置在床头或者两侧的墙上，避免安装在床尾的墙面上

6. 卫浴间挂镜布置

镜子作为卫浴间的必需品，功能作用似乎占了主导，很多人往往忽视了它的装饰性与空间效果。其实，只要经过巧妙的设计，挂镜会给卫浴间带来意想不到的魔法效果。

镜子不仅可以在视觉上延展卫浴空间，同时也会让光线不好的卫浴间的明亮度得以倍增。卫浴间中的镜子通常悬挂在盥洗台的上方，美化环境的同时方便整理仪容。在注重收纳功能的小户型中，挂镜通常以镜柜的形式出现。

▲ 盥洗台上方的镜子在美化环境的同时方便整理仪容

▲ 曲线形挂镜为卫浴空间增加趣味与活力

○○○ 第四节

工艺挂钟布置

Wall Decoration

墙面上放置挂钟是一个很好的方式，既可以起到装饰效果，又有看时间的实用功能。挂钟品牌很多，选择挂钟主要看挂钟的机芯和外观。现在的挂钟已经可以做到全静音的程度，原理是摒弃以往钟芯滴答滴答的运动方式，采用扫描式运动从而达到静音的效果。

浅色墙面通常搭配黑色、绿色、蓝色、红色等深色系挂钟，起到突出画龙点睛的效果。深色墙面搭配白色、灰色的挂钟为佳。

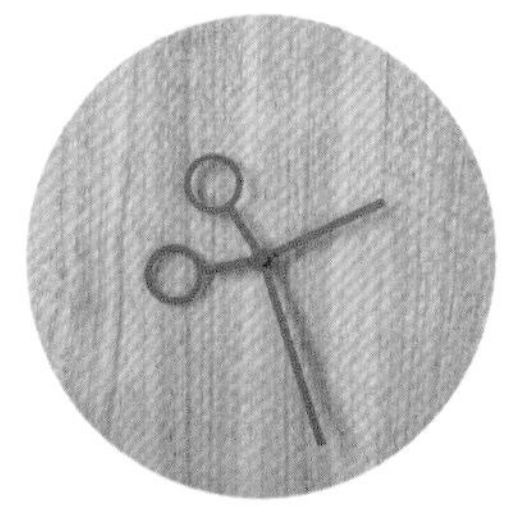

一、挂钟风格选择

现在的挂钟也有很多的款式，不同风格类型的挂钟布置在家中，会产生不同的效果，所以一定要选择与整体风格协调的款式。

田园风格挂钟以白色铁艺钟居多，钟面多为碎花、蝴蝶图案等小清新画面，尺寸 26~38cm 左右，其中双面壁挂钟装饰效果更加突出。

美式风格挂钟以做旧工艺的铁艺挂钟和复古原木挂钟为主，颜色可选择较多，如墨绿色、黑色、暗红色、蓝色等，钟面以斑驳木版画、世界地图等复古风格画纸装饰，挂钟边框采用手工打磨做旧，规格多样，直径 30~50cm 不等，造型不拘于圆形、方形，其中椭圆形麻绳挂钟、网格挂钟等异型造型都是不错的选择。

现代简约风格挂钟外框以不锈钢居多，钟面色系纯粹，指针造型简洁大气。

中式风格挂钟以原木挂钟为主，透过厚重的实木质感体现中式文化的深厚底蕴，红檀色、原木色都是很好的搭配。

欧式风格挂钟以实木或树脂为主，实木挂钟稳重大方，而树脂材料更容易表现一些造型复杂的雕花线条。欧式挂钟的钟面常常偏复古风，米白色的底色中会加入线构的暗纹表现古典质感。

▲ 欧式风格挂钟

▲ 中式风格挂钟

▲ 现代简约风格挂钟

▲ 美式风格挂钟

▲ 田园风格双面壁挂钟

▲ 田园风格壁挂钟

二、挂钟尺寸选择

挂钟的尺寸一般有直径 25cm、30cm、38cm、40cm、46cm、50cm、68cm 等，很多人习惯用英寸来选择，如 10 英寸、12 英寸、14 英寸、16 英寸、18 英寸、20 英寸等，一般挂在餐厅中的尺寸直径 30~40cm 左右，挂在客厅中的尺寸一般选择 35~50cm 左右，挂在卧室中的尺寸一般选择 30~40cm 左右，书房、过道、玄关等其他墙面的尺寸一般是 25~38cm 左右。

在购买挂钟时，不要把挂钟拿在手上来感觉挂钟的大小，因为挂钟是挂在墙上远观的，视觉差会导致看起来很大的挂钟挂在墙上刚好，看起来刚刚好的挂钟挂在墙上显得小。

▲ 卧室中的挂钟不仅要考虑到尺寸大小和外观造型符合整体风格，而且一定要考虑选择静音机芯的挂钟

▲ 过道上的挂钟尺寸不宜太大，避免给人带来压迫感

▲ 餐厅墙上的挂钟尺寸要和餐桌大小成比例，富有创意的极简挂钟增加墙面的立体感

▲ 客厅中的挂钟尺寸可以略大一些，配合简洁的设计造型，可以使之成为空间中的视觉焦点

三、挂钟位置选择

首先是挂钟使用功能的最大化，就是最大可能地从各个不同角度都能看到挂钟；二是不能占据客厅主墙面的正中，否则客厅给人的感觉就像公共的候车、候船、候机大厅；三是悬挂在客厅主光源侧面，不能太背光或正对主光源产生反光，影响其显示。

○○○ 第五节

工艺挂盘布置

Wall Decoration

百变面孔的挂盘不仅可以让墙面活跃起来，还能表现居住者个性的品位，并且挂盘可以装饰各种不同风格的墙面，并不局限于个别的风格之中。

一、挂盘风格选择

挂盘需要配合整体的家居风格，这样才能发挥锦上添花的作用。

北欧风格崇尚简洁、自然、人性化，可以选择简洁的白底，搭配海蓝鱼元素，清新纯净。麋鹿也是北欧风格常用的元素之一，它寓意着吉祥。将麋鹿图样的组合挂盘挂置于沙发背景墙，为家增添了一股迷人的神秘色彩。

欧式田园风格与北欧风格有很大的差异，它用色较为大胆，图样也更加繁复。挂盘通常以鸟、蝶、花为主题元素，呈现出生机勃勃与自然质朴的乡村风格。

美式风格因为单纯、休闲的特点受到很多人的喜爱，选择色彩复古、做工精致、表面做旧工艺的挂盘会让家居更有格调。

新中式风格的空间中，黑白水墨挂盘第一眼就给人浓郁的中式韵味，寥寥几笔就带出浓浓中国风，简单大气又不失现代。也可用青花瓷作为墙面装饰，如果再加上其他位置青花纹样的呼应，如青花花器或者布艺装饰点缀一二，效果更佳。

二、挂盘色彩搭配

越是内容丰富的挂盘，越是可以搭配适度浓烈色彩的墙面，形成相互呼应。例如挂盘带有彩绘的鱼、波浪等图案，蓝色、绿色、黄色等艳丽色彩流溢，不妨将背景墙换成浓艳的黄色或明快的蓝色，为空间带来更多明媚与活力；简单素雅的纯色挂盘装饰在花色繁多的墙面之上则有一泓清泉的效果；而在素白的墙面上，搭配白底描花的挂盘会显得十分优雅。

▲ 内容丰富的挂盘适合搭配适度浓烈色彩的墙面

三、挂盘装饰手法

装饰墙面的挂盘，一般不会单只出现，通常多只挂盘作为一个整体出现，这样才有画面感，但要避免杂乱无章。主题统一且图案突出的多只挂盘巧妙地组合在一起，才能起到替代装饰画的效果。

挂盘上墙一般有两种装饰手法：规则排列和不规则排列。当挂盘数量多、形状不一、内容各异时，可以选择不规则排列方式。建议先在平地上设计挂盘的悬挂位置和整体形状，再将其贴到墙面上。当挂盘数量不多、形状相同时，适合采用规则排列的手法。例如两列竖排盘子，中间加一个置物层板，形成一个 H 形，层板上摆放一两盆小植物，软化挂盘的硬结构，就是一个很不错的装饰手法。

▲ 挂盘规则排列

▲ 挂盘不规则排列

○○○ 第六节
工艺品挂件布置

Wall Decoration

软装工艺品挂件是对不同材料进行艺术加工和组合制成的艺术品，材质包括树脂、铁艺、陶瓷、玻璃、木质等多种材料，不同材质与造型的工艺品挂件能给空间带来不一样的视觉感受。

一、工艺品挂件风格选择

工艺品挂件的种类很多，形式也非常丰富，应与被装饰的室内空间氛围相谐调。但这种谐调并不是将工艺品挂件的材料、色彩、样式简单地融合于空间之中，而是要求工艺品挂件在特定的室内环境中，既能与室内的整体装饰风格、文化氛围协调统一，又能与室内已有的其他物品在材质、肌理、色彩、形态的某些方面显现适度对比的距离感。

1. 美式乡村风格工艺品挂件

美式乡村风格悠闲而自由，墙面色彩通常自然、质朴，散发着浓浓的泥土的芬芳，软装配饰的选择倾向于自由、乡村而怀旧的格调。美式风格的挂件可以天马行空地自由搭配，不用整齐有规律。铁艺材质的墙面装饰和挂画、镜子、老照片、手工艺品等都可以挂在一面墙上，自由随意就是美式的灵魂所在。

2. 东南亚风格工艺品挂件

东南亚风格中的软装元素在精不在多，选择墙面工艺品挂件时注意留白跟意境，营造沉稳大方的空间格调。选用少量的木雕工艺饰品和铜制品点缀便可以起到画龙点睛的作用。但是，铜容易生锈，在选用铜质挂件时要注意作好护理，防生锈。

3. 简约风格工艺品挂件

简约风格以简约宁静为美，饰品相对比较少，选择少量的工艺品挂件分布整面墙壁，能点亮整个空间。在软装配饰比较少的空间里，注重元素之间的协调对话，选择工艺品挂件的时候更注重意境的刻画。

4. 新中式风格工艺品挂件

新中式风格雅致而沉稳，常用字画、折扇、瓷器等来作为饰品装饰，注重整体色调的呼应、协调。沉稳素雅的色彩符合中式风格内敛、质朴的气质，荷叶、金鱼、牡丹等具有吉祥寓意的饰品会经常作为挂件用于背景墙面装饰。

中式家居讲究层次感，选择组合型工艺品挂件的时候注意各个单品的大小选择与间隔比例，并注意平面的留白，大而不空，这样装饰起来才有意境。

5. 后现代风格工艺品挂件

后现代风格里常用黑色搭配金色来打造酷雅、奢华的空间格调，所以金色的金属饰品占据相对大的比例。金色工艺品挂件搭配同色调的烛台或桌饰，可以协调出典雅尊贵的空间氛围。在使用的金属挂件来作为墙面装饰的时候，注意添加适量布艺、丝绒、皮草等软性饰品来调和金属的冷与硬，烘托华丽精致感，平衡整个家居环境的氛围。

二、不同空间的工艺品挂件布置

工艺品挂件可以随时更换，立即改变空间氛围，起到补充、点缀墙面的效果。因材质、造型、色彩、尺寸上的差异，不同的功能空间适合装饰不同的工艺品挂件。

▲ 羚羊头造型挂件凸显北欧风格的灵性

1. 客厅工艺品挂件布置

客厅的软装元素在风格上统一才能保持整个空间的连贯性。将工艺品挂件的形状、材质、颜色与同区域的饰品相呼应，可以营造出非常好的协调感。美式乡村风格客厅中通常会有老照片、装饰羚羊头挂件；工业风客厅中常常出现齿轮造型的挂件；在现代风格客厅中，金属挂件是一个非常不错的选择；小鸟、荷叶以及池鱼元素的陶瓷挂件则适合出现在中式风格的客厅背景墙上。

▲ 齿轮造型挂件是工业风格客厅的首选

▲ 荷叶造型挂件流露出淡淡禅意

2. 餐厅工艺品挂件布置

餐厅如果是开放式空间，应该注意软装配饰在空间上的连贯，在色彩与材质上的呼应，并协调局部空间的气氛。例如餐具的材料如果是带金色的，在工艺品挂件中加入同样的色彩，有利于空间氛围的营造与视觉感的流畅，使整个空间显得更加和谐。

虽然在整体偏冷雅的环境中加入金色能表现富贵与温暖感，但金色不宜过多，应根据整体色调选择一定的比例进行点缀。

▲ 木质厨房用具造型挂件自然环保

▲ 划桨造型挂件点明地中海风格主题

3. 卧室工艺品挂件布置

卧室作为休息的地方，色调不宜太重太多，光线亦不能太亮，以营造一个温馨轻松的居室氛围，背景墙的工艺品挂件应选择图案简单、颜色沉稳内敛的类型，给人以宁静和缓的心情，利于高质量的睡眠。

扇子是古时候文人墨客的一种身份象征，有着吉祥的寓意。圆形的扇子饰品配上长长的流苏和玉佩，是装饰背景墙的最佳选择，通常会用在中式风格和东南亚风格家居中；别致的树枝造型的挂件有多种材质，例如陶瓷加铁艺，还有纯铜加镜面，都是装饰背景墙的上佳选择，相对于挂画更加新颖，富有创意，给人耳目一新的视觉体验。

注意，如果用工艺品挂件装饰卧室的背景墙，墙面最好是做过硬包或者软包的，这样效果更加精致，但底色一定不能太深，也不能太花哨。

▲ 与地毯色彩呼应的圆形挂件

▲ 扇子挂件给人宁静缓和的心情

4. 儿童房工艺品挂件布置

儿童房的装饰要考虑到空间的安全性以及对孩子身心健康的影响，通常避免大量的装饰，不用玻璃等易碎品或易划伤的金属类挂件，应预留更多的空间来自主活动。

儿童房的布置应创新、有童趣，颜色相对鲜艳而温暖，墙面上可以是儿童喜欢的或引发想象力的装饰，如儿童玩具、动漫童话挂件、小动物或小昆虫挂件、树木造型挂件等，也可以根据儿童的性别选择不同格调的工艺品挂件，鼓励儿童多思考、多接触自然。

▲ 儿童房宜装饰色彩鲜艳且能启发想象力的挂件

5. 茶室工艺品挂件布置

茶室在中式风格里比较常见，是供饮茶休息的地方，宜静宜雅，装饰宜精而少，或用一两幅字画、些许瓷器点缀墙面，以大量的留白来营造宁静的空间氛围。

茶室工艺品挂件的选择宜精致而有艺术内涵，例如一些具有自然而和缓格调的、带有山水的艺术元素，如莲叶、池鱼、流水等，与茶文化气质相呼应。

▲ 白色荷叶鱼陶瓷挂件带有吉祥美好的寓意

6. 卫浴间工艺品挂件布置

卫浴间光线较其他地方小且光线偏暗，湿度大，装饰画不利于保存，选择防水耐湿材料的立体挂件来装饰更合适。为保持卫浴间整洁干净的格调，具有自然气息的挂件会让空间氛围更加轻松愉悦。但注意，卫浴间的装饰量不宜过多过大，颜色以低调为佳，少量的点缀即可让空间不显单调。

▲ 卫浴间宜选择防水耐湿材料的立体壁饰

7. 过道工艺品挂件布置

过道的驻足时间不长，但装饰不可忽略。过道工艺品挂件选择的原则是不仅要与室内风格相协调，而且不能影响人的正常通行。通常除了装饰画以外，在墙面上悬挂两束花草也能起到很好的装饰作用，增添自然活力的同时为过道营造一个轻松阳光的氛围。但并不是所有的花都适合挂在墙上或放在花架上，要根据花的习性跟室内的采光选择合适的植物，也可选择仿真系列的花草，以轻便易打理为佳。

▲ 过道墙上的花草装饰给空间带来勃勃生机

▲ 过道上的铁艺收纳架兼具实用的储物功能

○○○ 第七节

壁饰布置实战案例

Wall Decoration

特邀软装专家

李萍

南京兆石室内设计总监，从业室内设计十四年间，专注住宅设计，反对造型和材质堆砌，注重整体空间融入多元的文化，专注于空间个性化设计定制，打造富有格调的环境。从事这个行业越长，越发喜爱设计，喜欢这行业带给人不断的成长和激情。没有设计的空间是堆砌，没有艺术的设计是生产。

◎ 原木刻画时光痕迹

感受自然风，放弃色彩运用的原木空间往往给人带来温暖和休闲。采用温润质感的原木为主要陈设，原木桌面的质朴、自然给人带来精神上的放松。选用无色的白墙作为背景，墙面丰富且生动地用原木剖面造型，年轮的花纹刻画时光痕迹，透空处用镜面装饰复刻阳光，创意独特而丰富了墙面的装饰。书本、笔筒均采用白色，突出原木，画面纯净自然。

◎ 红色羽毛壁饰

注重装饰，高调张扬，有饱满的进取精神，放眼诸多设计风格，唯Art Deco装饰主义能完美诠释。其注重重复采用几何图腾造型墙面，黑色基底配上鲜艳的红色羽毛壁饰，隐退与张扬。红色的顶面和抱枕与羽毛壁饰相呼应。中间布置新古典的肉色沙发，缓和黑红对比产生的紧张感。两侧的茶几对称摆放，顶面对称布置的吊灯，更具仪式感。发散线性图案地毯的使用，让构图张力十足。

◎ 蝴蝶与蜻蜓飞舞

红色代表热情、奔放，以高纯度红色为背景的墙面视觉冲击力强，洋溢着张扬高调的审美；选用昆虫中美丽象征的蝴蝶和蜻蜓作为主题壁饰，以现代工艺和铁、铜的材质制作，点缀在墙面，从上而下，由小而大的组合成一个整体，搭配在沙发的一角，表达追求美好的心境。

◎ 金币壁饰产生丰富联想

以树根的自然形态为艺术创作处理，创造的人工痕迹隐藏于树根的自然之美中，因其必须反复揣摩树根的造型，再构思立意，加以人工创作，所以称为“根艺”或者根雕。图中根据树根造型通过构思做成一个案台，以茶色作为墙面背景，让人联想到泥土，给人素朴温暖之印象。墙面十二枚金币组成的壁饰给人以丰富的联想，打破图面的单调乏味，并提升尊贵感。

◎ 东南亚风情的墙面装饰

东南亚风情多以自然取材，为避免潮湿气候带来的沉闷，多采用夸张艳丽的色彩来冲击视觉。图中背景墙采用绚烂的黄色，给人眼前一亮的感觉，深色铜质格状图案组成的三个圆形壁饰并排于墙面，有序地形成一个整体，在黄色的衬托下更突出其蕴含的东南亚风情。浅色的亚麻布艺沙发居中放置，与三个圆形墙饰相互呼应，休闲而自然。沙发左边植物盆景加入麻编的花盆细节，尽显热带风情。

◎ 点石成金的装饰艺术

明度最高的白色是色彩中最“清新”的色调，右边采用同样明度较高的浅灰色营造出薄如蝉翼的感觉，给人留下轻柔、清新的印象；灰白之间采用高贵金来过渡，造型自然的山石通过涂金变为现代陈设品，诠释了点石成金的装饰艺术。因为空间色调整体明度较高，漂浮感较强，所以选用斑马纹地毯创造清新而不失稳重的品质感。

◎ 鎏金处理的装饰镜框

利用高纯度的蓝色作为墙面背景虽然永远不会过时，但是比较容易给人单调刻板的印象。软装布置中，把石材肌理造型通过鎏金处理，做成形态夸张的镜框装饰墙面，富有视觉冲击感，使单一的蓝色沙发背景成功营造出时尚摩登的印象。

◎ 生动的鱼群壁饰

墙面用对称的布局方式以突出休闲区域，两侧窗户引入自然光线的同时采用白色亚麻帘，和白墙更为和谐统一，作为空间的主要背景。为避免白墙的单调，用中性色金属质感的鱼群来装饰墙面，鱼群集中在一个目标点的布置方式使画面生动而又有序。金属色玻璃器皿与鱼群颜色呼应，冰裂花纹强化了自然的主题。

◎ 黑白相间悬挂的装饰画

床头装饰画黑白相间的对比、大小错落的摆放，生动而个性十足。灰色铁艺床的线性突出年轻个性的气质，黄奶油色强势注入黑白色系的空间，如同明亮光线刺破黑暗，强烈的视觉冲击带来震撼心灵的惊艳。

◎ 墙面艺术画渲染空间氛围

以白色墙面为背景，衬托色彩鲜艳的大幅装饰画，画面上色彩明暗的变化，体现层次感，多种色彩有节奏地相互交叉，营造快乐氛围，富有动感；沙发采用纯度较低的自然色调，搭配米白色的木质茶几，陶瓷器皿配上枯枝元素，讲究简约的场景布置更突出墙面艺术画渲染的快乐动感气氛。

◎ 装饰画提亮灰色空间

墙面采用简约质朴的水泥灰壁纸作为背景，黑色的树木在灰色背景的衬托下显得更为寂静，装饰上没有使用过多华丽的陈设和材质，同色系的沙发、质朴的陶瓷和简约的木质茶几，无不体现超然于物质的禅寂美学。墙面上一幅色彩艳丽的抽象画点缀其中，打破空间沉寂，形成强烈的对比，使得画面更多一分艺术性。

◎ 铁网格杂志的工业气质

黄色基调的装饰画作为视觉中心点以对称的方式布置，铁网格杂志架有规则地围绕装饰画排布，让实用功能更好地结合装饰性，形成整体画面。玫红色的点缀搭配豹纹图案的家具单品，阐述了浪漫女性的空间氛围。工业落地灯的陈设呼应了铁艺网格的材质，有效避免因对称布局而造成的单调感。

◎ **大幅装饰画创造宁静意境**

微风轻拂窗台，枝叶飒飒，暖阳照入，时间施以温柔浪漫，让一切笼上光晕感，朦胧之间，如梦如幻。墙面大面积的奶油色作为主导，大幅静态的水粉画创造宁静的意境，搭配巧克力棕的家具作为辅助，窗纱的亮白与奶油色的融合，使空间色彩自然衔接。相框与落地灯上的金色点缀烘托出家居的优雅气质。装饰罐和角几上对比强烈的墨黑色增加视觉体验，空间内敛而雅致。

◎ **留白处理的照片墙**

用护墙板来装饰墙面不仅美观还有效地保护墙面。深色护墙板墙面挂上油画和摄影作品，桌下堆放的书籍，可以营造浓烈的艺术氛围，表现主人的文化素养。墙面用水彩画为中心点布置，四周装饰照片墙，因为照片内容繁多，所以统一用留白的方式处理不同的照片，富有整体感的同时提亮画面。

◎ **装饰画与家具的呼应**

选用色彩对比强烈的抽象画来点缀单调的灰色墙面，给原本素雅的空间增添活力。画中的一抹黄和图中暖色的家具形成呼应，避免突兀。旁边原木色的床头柜以原木复古的样式展现，混搭一丝民族风情。靠墙的画框中伸出一个壁灯，并以堆积的笔记本作为前景，平面与立体的结合，散发出文艺风范。

◎ 雕花镜饰营造古典美

注重细节的镜饰，卷草藤蔓线条精致细腻，体现神秘的高贵感。运用对称美学，从台灯、茶盘、酒杯的对称摆放，淋漓尽致地诠释出古典之美。实木、玻璃、金属、镜面等不同材质的搭配、玄关柜上装饰品的错落摆设制造出空间的层次感。墙面的大量浅驼色、家具的胡桃色与灯罩上的奶油白色组合搭配，营造出沉稳庄严的气质。

◎ 混搭组合的照片墙形式

浅棕与白色相间的竖纹墙纸，拉伸整体空间高度；形式多变的相框，采用黑白色调配以金色边框，再搭配大小不同的圆镜组合成照片墙，丰富而生动。同时，又将壁灯巧妙地与照片墙融成一个整体，让功能和造型完美结合，似无序胜有序。运用自然材质的美式沙发，铺上鹅卵石图案的地毯，色调的统一更强调了舒适度。

◎ 富有变化的墙面装饰

古典的空间多采用严谨对称的深灰色护墙板，以水粉画为视觉焦点，左右辅以大小不同的画框。让正式的墙面多了一分色彩的跳跃。圆形壁饰融入照片墙，主体沙发两侧则配以同色系的抽象画，看似无序而胜有序。中间乳白色沙发搭配金属边几，右边古典边柜与中间的茶几相互呼应，突出新古典调性。颜色相同、造型各异的台灯对称布置，与富有变化的照片墙相称，使不规则的布局方式恰到好处地融入到规则严谨的空间中。

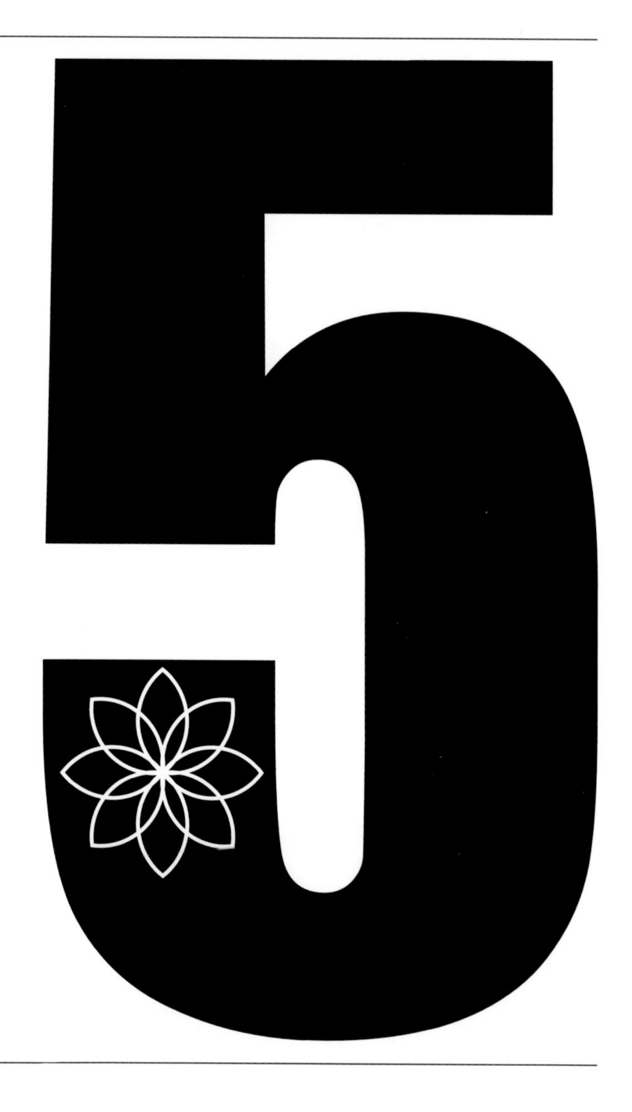

DECORATION BOOK

第五章
软装布艺搭配
CLOTH ART

○○○ 第一节

布艺搭配要点

Cloth Art

布艺是室内环境中除家具以外面积最大的软装元素之一，它能柔化室内空间生硬的线条，在营造和美化居住环境上起着重要的作用。丰富多彩的布艺装饰为居室营造出或清新自然、或典雅华丽、或高调浪漫的格调，已经成为空间中不可缺少的部分。窗帘、床品、地毯、抱枕、桌布与桌旗等都在布艺装饰的范畴，通过各式布艺的搭配可以有效地呈现空间的整体感。

居住者可根据自己的爱好和房间的采光条件，与周围环境通过整体考虑选择布艺，要求取得平衡与稳定感，以达到锦上添花的效果，进而营造出温馨的室内环境。

一、注重风格呼应

在居室的整体布置上，软装布艺也要与其他装饰相呼应和协调，它的色彩、款式、意蕴等表现形式，要与室内装饰格调相统一。色彩浓重、花纹繁复的布艺适合欧式风格的空间；浅色具有鲜艳彩度或简洁图案的布饰，能衬托现代感强的空间。在一个中式风格的室内空间中，最好用带有中国传统图案的布艺来陪衬。

▲ 图案简洁且带高纯度色彩的布艺适用于现代风格空间

▲ 纹样繁复的布艺适用于欧式风格空间

二、色彩搭配要协调

选择软装布艺主要是色彩、材质、图案的选择。进行色彩的选择时，要结合家具色彩确定一个主色调，使居室整体的色彩、美感协调一致。恰到好处的布艺装饰能为家居增色，胡乱堆砌则会适得其反。布艺色彩的搭配原则通常是窗帘参照家具、地毯参照窗帘、床品参照地毯、小饰品参照床品。

同时使用几种织物时，要从中选定一种作为室内装饰的主要织物。通常一种织物本身就包含了好几种色彩，它能成为家装的灵感之源。将不同的色彩剥离出来重新安排，会为每个房间营造出彼此既有区别又有有机联系的模式。

▲ 同一个空间中，窗帘、地毯与沙发抱枕的色彩之间要形成一定的联系和呼应

三、尺寸合理匹配

软装布艺的尺寸要适中，大小、长短要与居室空间、悬挂的立面尺寸相匹配，在视觉上也要取得平衡感。例如，购买窗帘前的丈量原则就是从窗帘杆量起，并将钩子的长度计算在内，而不是从窗户上缘开始量起。窗帘的长度应超过窗台，具体超过多少参考居室整体风格。一般来说，长到地上的窗帘可以让空间看起来较正式，也可以凸显一个小窗户在这个空间中的存在感。

▲ 长度落地的窗帘一方面垂感很强，另一方面也增大了装饰空间

四、巧妙掩盖缺陷

有时空间格局难免有不如意之处，而当硬性技术手段无法解决时，不妨选用颜色亮丽的布艺，并且搭配以醒目图案的抱枕、地毯等，人为地营造空间的氛围，使人的视线为温馨的布置所吸引，从而忽略房间的不足之处。例如，层高不够的房间选择色彩强烈的竖条图案的窗帘，而且尽量不做帘头；采用素色窗帘，也可以显得简单明快，能够减少压抑感。

▲ 竖条图案的窗帘可以有效拉升层高较矮空间的视觉高度

五、遵循和谐法则

地毯、桌布、床品等布艺应与室内地面、家具的尺寸相和谐，在视觉上达到平衡的同时给予触觉享受，给人留下一个良好的整体印象。

一般来说，面积比较大的布艺，例如窗帘和床品，两者的色彩和图案的选择都要和室内整体的空间环境色调相符合。而大面积和小面积的布艺之间可以是相互协调的，也可以是相互之间的对比。例如地面布艺多采用稍深的颜色，桌布和床品应反映出与地面色彩的协调或对比，元素尽量在地毯中选择，采用低于地面的色彩和明度的花纹来取得和谐是不错的方法。

▲ 桌旗颜色从地毯中提取，容易取得和谐

▲ 窗帘与床品的色彩呼应使得卧室空间形成一个整体

○○○ 第二节

常见布艺装饰纹样

Cloth Art

在软装布置中，布艺装饰占据很大一部分，是空间装饰的重要组成部分，布艺色彩和纹样的合理选择可以有效地影响、调节居室的主色调，并对营造空间氛围起着重要作用。

▲ 卷草纹纹样

▲ 佩斯利纹样

▲ 莫里斯纹样

▲ 大马士革纹样

▲ 回纹纹样

▲ 菱形纹样

▲ 条纹纹样

▲ 格纹纹样

▲ 碎花纹样

▲ 团花纹样

一、卷草纹纹样

卷草纹又称卷枝纹或卷叶纹，由忍冬纹发展而来，以柔和的波曲状线组成连续的草叶纹样装饰带。因盛行于唐代，又名唐草纹。构图肌理似缠枝纹，以植物枝茎作连续波卷状变形，以波状线与切圆线相组合，作二方连续展开，形成波卷缠绵的基本样式，再以切圆线为基干变化出有规则的草叶或茎蔓，形成枝蔓缠卷的装饰花纹带。

卷草纹并不是以自然中的某一种植物为具体对象的。它如同中国人创造的龙凤形象一样，是集多种花草植物特征于一身，经夸张变形而创造出来的一种意象性装饰样式。因此，卷草纹寓意着吉利祥和、富贵延绵。

▲ 卷草纹纹样的布艺具有吉祥的寓意

二、佩斯利纹样

佩斯利花纹又称火腿纹或腰果纹，是辨识度最高的布艺装饰图案之一，由圆点和曲线组成，状若水滴，“水滴”内部和外部都有精致细腻的装饰细节，曲线和中国的太极图案有点相似。这种来自古印度的古老纹样形态寓意吉祥美好，外形细腻华美，在很多布艺纹样上都能体现，如印度风格、欧洲古典风格、波西米亚风格等。

▲ 佩斯利纹样的布艺适用于欧洲古典风格

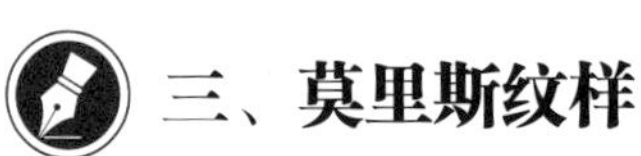

三、莫里斯纹样

莫里斯纹样以装饰性的植物题材作为主题纹样的居多，茎藤、叶属的曲线层次分解穿插，互借合理，排序紧密，具有强烈的装饰意味，可谓自然与形式统一的典范。莫里斯图案具有丰富的美感，色彩统一素雅，以白色、米色、蓝色、灰色或红色为主体，带有中世纪田园风格的美感。

▲ 莫里斯纹样的布艺散发出中世纪田园风格的美感

四、大马士革纹样

提到欧式风格，必然会想到大马士革纹样，这类图案由中国格子布、花纹布通过古丝绸之路传入大马士革城后演变而来，在自然界中是不存在的。它大多的时候是一种写意的花型，表现形式也千变万化。现在人们常把类似盾形、菱形、椭圆形、宝塔状的花型都称作大马士革纹样。

罗马文化盛世时期，大马士革纹样普遍装饰于皇室宫廷、高官贵族府邸，因此带有一种帝王贵族的气息，也是一种显赫地位的象征。流行至今，大马士革纹样是欧式风格设计中出现频率最高的元素，有时美式、地中海风格也常用这种纹样。

▲ 大马士革纹样的布艺是表现欧式风格的经典元素

五、回纹纹样

回纹是已经有三千多年历史的中国传统装饰纹样，它由古代陶器和青铜器上的水纹、雷纹、云纹等演变而来，由横竖短线折绕组成的方形或圆形的回环状花纹，形如"回"字，所以称作回纹。回纹纹样在明清的织绣、地毯、木雕、家具、瓷器和建筑装饰上到处可见，主要用作边饰或底纹，富有整齐、划一而丰富的效果。

回纹造型丰富，方圆兼具，变化多端。有单体、双线、一正一反相连成对或连续不断地折成回字形的带状纹样，图案灵活、壮丽、大方。由于它一线到底，民间寓意为"不断头"；回纹的四方组合，被称为"回回锦"，寓意福寿吉祥、长远绵连之意。

▲ 回纹纹样的布艺适合营造中式氛围

六、菱形纹样

菱形纹样很早就被人们所运用。早在 3000 年前马家窑文化时期的彩陶罐就用了菱形作为装饰。在苏格兰，菱形图案是权力的象征，苏格兰服装的经典菱格如今仍在广为流传。如今，菱形纹样更是经久不衰地活跃在一些奢侈品的皮具上。因为菱形图案本身就具备了均衡的线面造型，基于它与生俱来的对称性，从视觉上就给人心理稳定、和谐之感。

▲ 菱形纹样的布艺天然拥有贵族血统和经典艺术气质

七、条纹纹样

条纹作为一款经典的纹样，装饰性介于格子与纯色之间，跳跃性不强，所以尽可以用来配合典雅的装饰。

一般来说，垂直条纹可以让房间看起来更高，水平条纹可以让房间看起来更大。如果追求个性，对比鲜明的黑白条纹吸引足够的目光；如果追求柔和的装饰效果，那么就选择淡色或者同一色系的深浅不同的色调；多彩的条纹可以让家中看起来更亲切热情，同时也可以显示居住者与众不同的眼光和对高品质生活的追求。

条纹除了可以平衡空间的颜色，还能作为百搭纹样来和其他元素做搭配，可以放在花艺边上做搭配，也可以搭配纯色和花卉类图案，在表现传统气氛或摩登气氛的空间中，条纹都可以发挥这个特性。假如在床品上找不到适合的布艺，那么选择条纹图案通常不会出错。

▲ 条纹纹样的布艺为空间带来活力与亮点

八、格纹纹样

格纹是由线条纵横交错而组合出的纹样，它特有的秩序感和时髦感让很多人对它情有独钟。格纹没有波普的花哨，却多了一分英伦的浪漫，如果室内巧妙地运用格纹元素，可以让整体空间散发出秩序美和亲和力。

格纹沙发椅更多运用在欧式、美式风格家居中，给人一种略带俏皮的感觉。格纹靠枕常用在单色调居室中，从视觉上饱满了单色的感官度，同时，因格子本身的时尚气质，提升了整个家居品位。但因为格纹跳跃而显眼，所以尽量避免大面积的使用，尤其是大型的格子，适当点缀效果不错，但是用在床品、窗帘等大面积的地方要谨慎。

▲ 格纹纹样的布艺赋予空间英伦风格的浪漫感

九、碎花纹样

碎花纹样是小清新的最爱，也是田园风格软装布艺的主要元素。无论是浪漫的韩式田园风格家装，还是复古的欧式田园风格，碎花图案的布艺沙发都是常见的家具。如果采用碎花窗帘，最好是和碎花纱帘一起使用，这样才能搭配出完美效果。

把碎花纹样应用到家居设计中时，要注意一个空间中的碎花纹样不宜用太多，否则就会觉得杂乱。如果大小相差不多的碎花纹样，尽量采用同一种花纹和颜色；如果大小不同的碎花纹样，可以采用两种花纹和颜色。

▲ 碎花图案的布艺最常见于田园风格空间

十、团花纹样

团花纹样也称“宝相花”或“富贵花”，是一种中国传统纹样，在隋唐时期已流行，常见于袍服的胸、背、肩等部位，至明清时极为盛行，成为固定的服饰纹样。

团花纹样以精美细致、饱满华丽的艺术样式著称，其特点是外形圆润呈团状，内以四季草植物、飞鸟虫鱼、吉祥文字、龙凤、才子、佳人等纹样构成图案，结构呈四周放射状或旋转式或对称式。其寓意是金玉满堂、万事亨通、荣华富贵。

▲ 团花图案的布艺给人以饱满华丽的美感

○○○ 第三节

窗帘布艺搭配

Cloth Art

作为空间最为凸显的存在，窗帘是家居软装设计重点之一。打造生动精致的生活方式，与窗帘的巧妙搭配密不可分。虽然窗帘款式和风格复杂繁多，但在搭配上其实有规律可循，比如按风格搭配、 按材质搭配、按软装元素搭配或按空间材质搭配等。

一、常见窗帘布艺材质

不同材质的窗帘价格差别很大，窗帘布艺按材质可分为棉质、麻质、纱质、丝质、雪尼尔、植绒、人造纤维等。棉、麻是窗帘布艺常用的材料，易于洗涤和更换。一般丝质、绸缎等材质比较高档，价格相对较高。

1. 棉质窗帘

棉属于天然的材质，由天然棉花纺织而成，吸水性、透气性佳，触感很棒，染色色泽鲜艳。缺点是容易缩水，不耐阳光照射，长时间曝晒下棉质布料较于其他布料容易受损。

2. 亚麻窗帘

亚麻属于天然材质，由植物的茎干抽取出纤维所制造成的织品，通常有粗麻和细麻之分，粗麻风格粗犷，而细麻则相对细腻一点。亚麻制作的窗帘有着天然纤维富有自然的质感，染色不易，所以天然麻布可选的颜色通常很少。亚麻窗帘的设计搭配多偏向于自然风格的装饰，例如小清新风格等。

3. 纱质窗帘

纱质窗帘装饰性强，透光性能好，能增强室内的纵深感，一般适合在客厅或阳台使用。但是纱质窗帘遮光能力弱，不适合在卧室使用。

4. 丝质窗帘

丝质属于纯天然材质，是由蚕茧抽丝做成的织品。其特点是光鲜亮丽，触感滑顺，十分具有贵气的感觉。纯丝绸价格较昂贵，现在市面上有较多混合丝绸，功能性强，使用寿命长，价格也更便宜一些。

7. 植绒窗帘

很多别墅、会所想营造奢华艳丽的感觉，而又不想选择价格较贵的丝质、雪尼尔面料，可以考虑价格相对适中的植绒面料。植绒窗帘手感好，挡光度好，缺点是特别容易挂尘吸灰，洗后容易缩水，适合干洗。

6. 雪尼尔窗帘

雪尼尔窗帘有很多优点，不仅具有本身材质的优良特性，而且表面的花型有凹凸感，立体感强，整体看上去高档华丽，在家居环境中拥有极佳的装饰性，散发着典雅高贵的气质。

8. 人造纤维窗帘

人造纤维目前在窗帘材质里是运用最广泛的材质，功能性超强，耐日晒、不易变形、耐摩擦、染色性佳。

二、常见窗帘布艺款式

窗帘分为成品帘和布艺帘，成品帘包含卷帘、折帘、日夜帘、蜂窝帘、百叶帘等；布艺帘分为横向开启帘和纵向开启帘。

1. 横向开启帘

横向开启帘分为最常见百搭的平拉式窗帘和较为普遍的掀帘式窗帘，其中平拉式窗帘比较随意，使用灵活，适合绝大多数窗户。

平拉式窗帘

平拉式是常见的窗帘样式，分为一侧平拉式和双侧平拉式。这种款式比较简洁，没有过多要求，不需要多余的装饰，所以在价格方面也能略节省一些。由于其样式单一，采用独特的款式能产生赏心悦目的视觉效果，像是带有荷叶边的飘逸材质，或是有韵律感的图案。

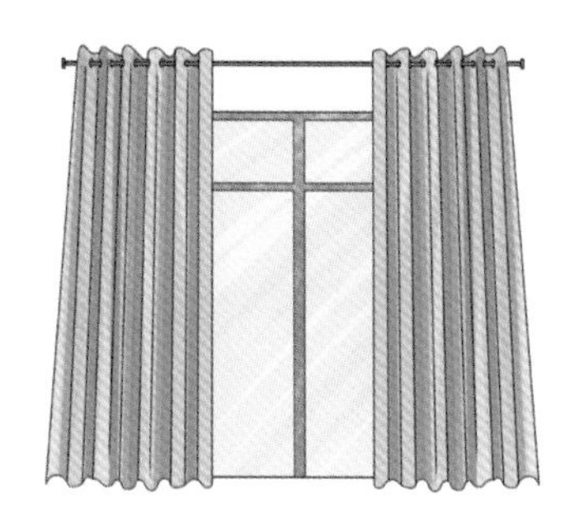

掀帘式窗帘

另一种平开帘是掀帘式窗帘，这种形式也较为常见。在窗帘的或高或低的部位系一个绳结，既可以起到装饰作用，又可以把窗帘掀向两侧，形成漂亮的弧线和一种对称美，尽显家的柔美气质。

2. 纵向开启帘

纵向开启帘又分为罗马帘、奥地利帘、气球帘和抽拉抽带帘。

罗马帘

罗马帘分为单幅的折叠帘和多幅并挂的组合帘。雍容华贵、造型别致、升降自如、使用简便是罗马帘的主要特点。其中，扇形罗马帘适用咖啡厅、餐厅，矩形罗马帘适用办公室、书房。

奥地利帘

奥地利帘形态比较规整，帘体两端收拢 ，呈现出一种浪漫婉约的仪式感，是现代比较流行的窗帘，具有飘逸的花式和纹理，非常适合有女性主人的家居装扮。它能够做成大型的垂帘，营造浪漫、温馨的室内氛围。

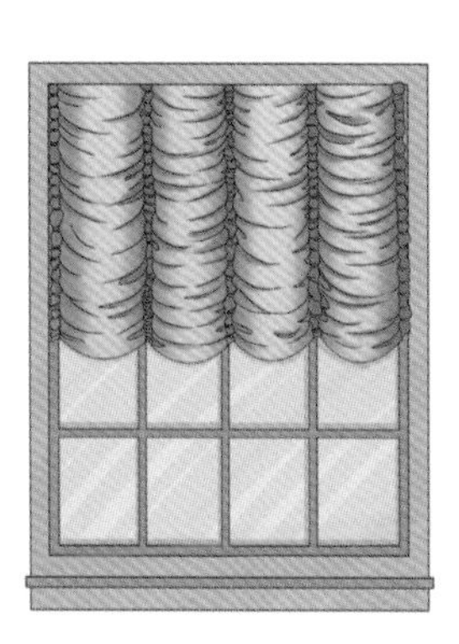

气球帘

气球帘和奥地利帘一样，帘体背面固定套环，通过绳索套串实现上下移动，但是较之奥地利帘更为休闲随意，呈现出来一种随性闲适的美感。帘体两端是很随意的下垂，褶皱也很自然态，而不是像奥地利帘那样很严谨地排布。

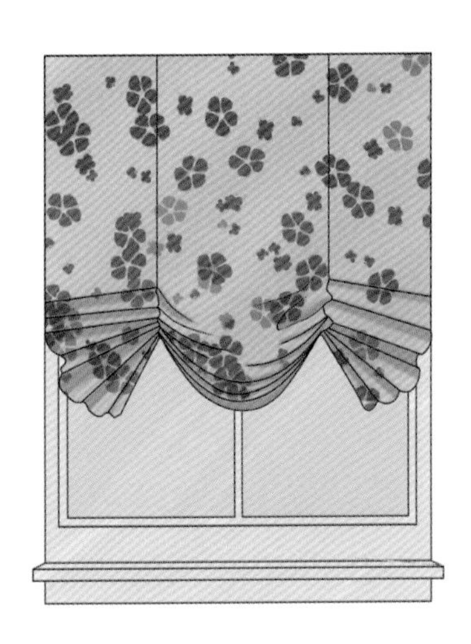

抽拉抽带帘

这类窗帘是在中央用绳索向上拉，窗帘的下摆处随着织物的柔软度产生自然随意的造型，适应于窄而高的窗户。但是由于抽带固定不是很灵活，开启和闭合都不方便，多用于装饰性的空间。

三、窗帘布艺风格选择

窗帘对于协调整个房间的气氛，起着重要的作用，或是时尚，或是优雅，或是浪漫，都决定着空间的整体美感。窗帘的风格千变万化，不同的风格营造着不同的家居气质。

1. 北欧风格窗帘布艺

北欧风格以清新明亮为特色，所以白色、灰色系的窗帘是百搭款，简单又清新。如果搭配得宜，窗帘上出现大块的高纯度鲜艳色彩也是北欧风格中特别适用的。虽然纯色窗帘在此风格中也特别多见，但是纯色的选择一定要呼应家具的颜色。另外，几何图形也是北欧风的特色，用在儿童房、小型窗户上也是点睛之笔。

2. 现代风格窗帘布艺

现代简约风格不宜选择花纹过重或是过于深色的布艺，通常比较适合的是一些浅色并且具有一些简单大方的图形和线条作为修饰的类型，这样显得更有线条感。窗帘的花色和款式应与布艺沙发搭配，采用麻制或涤棉布料，如米黄、米白、浅灰等浅色调为佳。

现代风格中最常见的是时尚风格与简约风格。时尚风格突出一种温馨和浪漫，窗帘的花型可选择以花卉、植物为原型的现代抽象图案，面料以印花布或烂花布为宜。如果是简约风格，建议采用几何图案的窗帘，颜色选用与硬装协调的黑白灰，突出冷静与干练。

3. 欧式风格窗帘布艺

欧式风格给人以华贵感，最标准的窗帘会有一个奢华的帘头，有些款式一般还有穗边的设计，但为了追求实用，有时会把帘头简化省去。欧式风格窗帘的材质有很多的选择，例如镶嵌金、银丝、水钻、珠光的华丽织锦、绣面、丝缎、薄纱、天然棉麻等，亚麻和帆布的面料不适用于装修欧式风格家居。颜色和图案也应偏向于跟家具一样的华丽、沉稳，多选用金色或酒红色这两种沉稳的颜色作面料，显示出家居的豪华感。有些会运用一些卡其色、褐色等做搭配，再配上带有珠子的花边配搭增强窗帘的华丽感。另外，一些装饰性很强的窗幔以及精致的流苏会起画龙点睛的作用。

4. 中式风格窗帘布艺

传统中式风格的典型元素是大量的木质传统家具，且高档的家具材质往往颜色发红发深，所以红棕色窗帘是传统中式风格的标配。

新中式的窗帘多为对称的设计，帘头比较简单，运用了一些拼接方法和特殊剪裁。可以选一些仿丝材质，既可以拥有真丝的质感、光泽和垂坠感，还可以加入金色、银色的运用，添加时尚感觉，如果运用金色和红色作为陪衬，又可表现出华贵和大气。

5. 田园风格窗帘布艺

田园风家居无处不体现着梦幻和女性色彩。家居窗帘通常以小碎花为主角，同色系格子布或素布与其相搭配，辅以装饰性的窗幔或蝴蝶结，整个房间充满温馨情怀。

6. 新古典风格窗帘布艺

新古典风格的窗帘面料以纯棉、麻质等自然舒适的面料为主，颜色可以选择香槟银、浅咖色等，花型讲究韵律，弧线、螺旋形状的花型较常出现，同时在款式上应尽量考虑加双层，力求在线条的变化中充分展现古典与现代结合的精髓之美。

7. 美式风格窗帘布艺

美式窗帘的材质一般运用本色的棉麻，以营造自然、温馨气息，与其他原木家具搭配，装饰效果更为出色。适合美式风格的窗帘的纹饰元素有雄鹰、麦穗、小碎花等，如果觉得大图型图案很难驾驭，可以选择大气简约的纯色窗帘，也很适合美式风格。

8. 东南亚风格窗帘

东南亚风格的最佳搭档就是用布艺来装饰点缀出浓郁的异域风情。东南亚风格的窗帘一般以自然色调为主，完全饱和的酒红、墨绿、土褐色等最为常见。设计造型多反映民族的信仰，棉麻等自然材质为主的窗帘款式往往显得粗犷自然，还拥有舒适的手感和良好的透气性。

四、窗帘布艺色彩搭配

窗帘是家庭装饰重要的组成部分，作为家中大面积色彩体现的窗帘，其颜色的体现要考虑到房间的大小、形状以及方位，必须与整体的装饰风格形成统一。

1. 窗帘布艺色彩搭配重点

如果室内色调柔和，并为了使窗帘更具装饰效果，可采用强烈对比的手法，改变房间的视觉效果；如果房间内已有色彩鲜明的风景画，或其他颜色鲜艳的家具、饰品等，窗帘就最好素雅一点。在所有的中性色系窗帘中，如果确实很难决定，那么灰色窗帘是一个不错的选择，比白色耐脏，比褐色明亮，比米黄色看着高档。

根据墙面颜色来选用窗帘的颜色是一个非常值得推荐的方法：白色的墙面适合各种颜色窗帘，而彩色的墙面通常适合同色系或白色、灰色、金色或银色的窗帘。这里需要注意的是，由于窗帘与墙体都属于大面积色块，所以在根据墙面颜色选择窗帘时需要特别注意色彩的协调性。

此外，窗帘上的一些小点缀可以起到画龙点睛的效果。例如，在素色窗帘边缘点缀上一圈色彩浓郁的印染花布，或是利用光影随窗帘色彩变化而丰富空间层次等，通过这些小细节来调整室内氛围，也不失为一个装点家居的好选择。

▲ 碎花图案的墙面与湖蓝色窗帘形成对比

▲ 如果室内空间的色彩已经足够丰富，素色窗帘就是一个不错的选择

2. 窗帘布艺色彩搭配方案

（1）相近色搭配法

如地面是紫红色的，窗帘可选择粉红、桃红等近似于地面的颜色。但面积较小的房间就要选用不同于地面颜色的窗帘，否则会显得房间狭小。当地面同家具颜色对比度强的时候，可以地面颜色为中心进行选择；地面颜色同家具颜色对比度较弱时，可以家具颜色为中心进行选择。

如果有些精装修房中地板颜色不够理想，就不能再按照地板的颜色选择窗帘，建议选择和墙面相近的颜色，或者选择比墙壁颜色深一点的同色系颜色。例如，浅咖也是一种常见墙色，那就可以选比浅咖深一点的浅褐色窗帘。

▲ 地面、家具与窗帘采用相近色搭配法

（2）次色调相近法

次色调是除了墙面和地面的大片颜色以外，人能注意到的第二种颜色。沙发体积太大，而且家庭选择的颜色都偏中性色，所以不太作为次色调的来源，次色调一般来自那些带显著色彩或者独特图案的中小型物件，比如茶几、地毯、台灯、靠垫或者其他装饰物。如果这些物件提供了两三种不同的次色调，那窗帘的颜色到底应该和谁保持一致，就要看具体情况了。

窗帘与靠垫相协调是最安全的选择，不一定要完全一致，只要颜色呼应。其他软装布艺也都可以，例如床品和窗帘颜色一样的话，卧室的配套感会特别强。像台灯这样越小件的物品，越适合作为窗帘选色来源，不然会导致同一颜色在家里铺得太多。

少数情况下，窗帘也可以随着地毯颜色走。但除非地毯本身也是中性色，可以按照地毯颜色做单色窗帘，不然的话，就让窗帘带上点这种颜色就够了，千万不要用同色的。

▲ 窗帘采用与抱枕同色的次色调搭配法

（3）撞色搭配法

在以单色为主体的软装环境中，选择单色的窗帘与其他单色主体进行对比或互补，能营造出简洁、活跃、利索的空间氛围。例如蓝色加黄色的强烈对比，作为最经典的撞色系列，能为空间带来富有冲击力的视觉体验。

▲ 窗帘采用撞色搭配法可为空间带来强烈的视觉冲击感

（4）拼色搭配法

拼色其实是用不同的颜色比例来营造不同的视觉效果，说是图案上的差异，更多的是用颜色来玩花样。例如上下拼色的窗帘，能在视觉上提升房间的高度；而上浅下深的渐变，可以带来自然的延伸感，有流动的垂感，又不失飘逸。

▲ 上下拼色搭配的窗帘能在视觉上提升房间高度

五、窗帘布艺纹样选择

窗帘的纹样同样对室内气氛有很大影响；清新明快的田园风光令人有返璞归真之感；色彩明快艳丽的几何图形给人以磅礴大气之感；精致细腻的传统纹样给人以古典、华美之感。

窗帘纹样主要有两种类型，分别是抽象型如方、圆、条纹及其他形状，和天然物质形态纹样，如动物、植物、山水风光等。纹样不论是选择几何抽象形状，还是采用自然景物图案，均应掌握简洁、明快、素雅的原则。

窗帘的选择经常会让人比较苦恼，可以考虑在空间中找到类似的颜色或纹样作为选择方向，这样的话，一定能与整个空间形成很好的衔接。另外，选择时应注意，窗帘纹样不宜过于琐碎，要考虑打褶后的效果。

▲ 植物纹样窗帘

▲ 几何纹样窗帘

1. 无纹样窗帘

如果家里已经放置了很多装饰画或者其他装饰品，整体空间已经很丰富，甚至有点拥挤了，选择无图案的纯色窗帘就够了，花哨的窗帘纹样反而会显得画蛇添足，增加混乱感。

▲ 无纹样窗帘适用于室内装饰丰富的空间

2. 带彩边窗帘

彩边会略微出彩，一条彩边就足以点亮整体空间，又不会过于闪耀和突兀。儿童房特别适合这种明亮的彩边窗帘。

▲ 带彩边的窗帘适用于儿童房空间

3. 纹样类同法

窗帘的纹样与空间中其他软装个体（如墙纸、床品、家具面料等）的纹样相同或相近，能使窗帘更好地融入整体环境中，营造和谐一体的同化感。

▲ 窗帘与沙发布艺的纹样接近，形成整体感

4. 纹样差异法

窗帘选择与空间中其他软装个体（如墙纸、床品、家具面料等）的色彩相同或相近，而纹样差异化，既能突出空间丰富的层次感，又能保持相互呼应的协调性。

▲ 窗帘与沙发布艺的色彩相同但纹样差异化

六、窗帘布艺与窗型搭配

随着新房设计风格的多样化，会发现很多造型各异的窗型，要根据不同窗型来配搭选购合适的窗帘，也是一门不小的学问，达到“量体裁衣”的效果可以为家居环境画龙点睛。

1. 窄而高的窗型

窄而高的窗型，凸出的是高挑与简练，窗幔尽可能避免繁复的水波设计，以免制造臃肿与局促的视觉感受。窗帘的花纹可以选择横向的，这样能够拉宽视觉效果。规格上选择长度刚过窗台的窗帘，并向两侧伸过窗框，尽量暴露最大的窗幅。

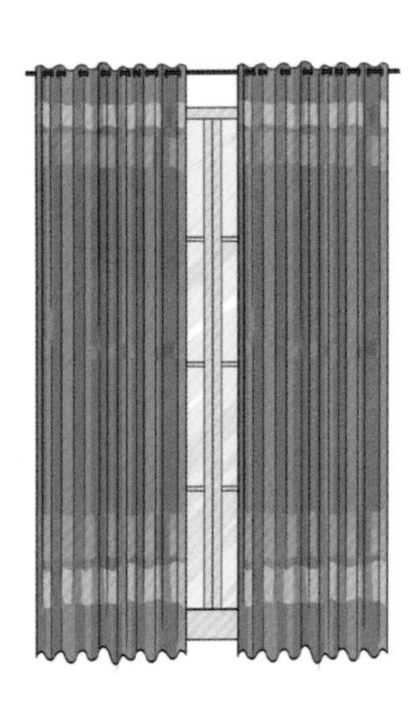

2. 宽而短的窗型

短而宽的卧式窗，是现代住房中的一种最典型的窗户，如果没有暖气片等的影响，选用单层或双层的落地窗帘效果最好，规格上可选长帘，让帘身紧贴窗框，遮掩窗框宽度，弥补长度的不足。如果这种窗户是在餐厅或厨房的位置，可以考虑在窗帘里加做一层半窗式的小遮帘，以增加生活的趣味。

3. 飘窗

飘窗是房间向外延展的部分，无论是从里往外看，还是从外往里看，都比较吸引眼球，可以直接影响居住者和外界的交流，通常都会做得比较有个性。功能性飘窗以上下开启的窗帘款式为上选，如罗马帘、气球帘、奥地利帘等。此类窗帘款式开启灵活，安装和开启的位置小，能节约出更多的使用空间。

如果飘窗较宽，可以做几幅单独的窗帘组合成的一组，并使用连续的帘盒或大型的花式帘头将各幅窗帘连为整体。窗帘之间，相互交叠，别具情趣。如果飘窗较小，就可以当作一个整体来装饰，采用有弯度的帘轨配合窗户的形状。

4. 转角窗

转角的窗户通常出现在书房、儿童房或内阳台的设计上。转角窗通常将窗帘在转角的位置上分开成两幅或多幅，且需要定制有转角的窗帘杆，使窗帘可以流畅地拉动。

还有一种简单省钱的方法是，根据窗帘的尺寸做几幅独立的上下开关式样的窗帘或者卷帘。这种方法应注意窗帘之间的接缝有可能不能完全闭合。

5. 落地窗

落地窗从顶面直达地板，由于整体的通透性，给了窗帘设计更多的空间。一般在客厅和卧室中较多出现这样的窗型，具有很强的装饰效果。落地窗的窗帘选择，以平拉帘或者水波帘为主，也可以两者搭配。如果有些是多边形落地窗，窗幔的设计以连续性打褶为首选，能非常好地将几个面连贯在一起，避免水波造型分布不均的尴尬。

6. 挑高窗

挑高窗从顶部到地面约 5~6m，上下窗通常合为一体，多出现在别墅、酒店大堂里。窗帘款式要凸显房间、窗型的宏伟磅礴、豪华大气，配窗幔效果会更佳，窗帘层次也要丰富。此外，因为窗户过高，较为适合安装电动轨道，有了遥控拉帘装置，就不会因窗帘过高不易拉合而担忧。

7. 拱形窗

拱形窗的窗型结构比较美观，具有浓郁的欧洲古典格调。为拱形窗制作的窗帘，应能突出窗形轮廓，而不是将其掩盖，可以利用窗户的拱形营造磅礴的气势感，把重点放在窗幔上。

拱形窗的窗帘要根据窗户的特点来设计。以比较小的拱形窗为例，上半部圆弧形部分可以用棉布做出自然褶度的异型窗帘，以魔术贴固定在窗框上，拆卸清洗均十分方便，这种款式小巧精致，装饰性很强。

8. 多扇窗或门连窗

当一面墙有多扇窗或者是门连窗，化零为整是最佳的处理方法，窗幔采用连续水波的方式能将多个的窗户很好地联合成一个整体。

9. 斜屋顶窗

在复式结构房屋的顶层和阁楼，往往会出现斜屋顶窗。因为这种形状的窗子不与水平线成垂直，所以要考虑将窗帘上下都分别固定住。这种特殊的窗帘可以直接固定在窗户上，也可以固定在窗户周围的墙壁上，一般来说窗帘的大小就等于窗户的大小。

10. 大面积的窗户

大面积的窗户带来了大量的采光的同时，也给窗帘的布置创造了有利的展示条件。但大幅面的窗帘由于形成了空间一大块面的颜色和质感，需要和其他的软装配饰协调好彼此之间的关系。

11. 面积过小的窗户

如果窗户过小，安装厚质面料的落地窗帘，会产生笨重、累赘的视觉效果。因而，最好安装升降帘、罗马帘。

七、不同空间的窗帘布艺搭配

窗户需要相应窗帘的搭配，方能彰显家居格调，营造和谐的居住氛围。小房间窗帘应以比较简洁的式样为好，以免使空间因为窗帘的繁杂而显得更为窄小。而大居室则宜采用比较大方、气派、精致的式样。

1. 客厅窗帘搭配

客厅的窗帘不管是材质还是色彩方面都应尽量选择与沙发相协调的面料，以达到整体氛围的统一。

如果想营造自然、清爽的客厅环境，最好选择轻柔的布质类面料；想营造雍容、华丽的客厅氛围，可选用柔滑的丝质面料。如果客厅光线十分充足，可选择稍厚的羊毛混纺、织锦缎布料来做窗帘，以抵挡强光照射。如果客厅光线不足，可以选择薄纱、薄棉或丝质的窗帘布料。如果客厅空间很大，可选择风格华贵且质感厚重的窗帘布料，例如绸缎、植绒材质的窗帘布料，质地细腻，又显得豪华富丽，而且具有不错的遮光、隔音的效果，只是价格比较高。如果客厅较小，纱质的窗帘布料能够加强室内空间的纵深感，并且透光性好。

▲ 丝质面料的窗帘营造雍容华丽的客厅氛围

▲ 纱质窗帘给光线不足的客厅带来最大程度的采光

2. 卧室窗帘搭配

卧室窗帘最好设计成整面墙、落地式、双开式，以最大限度地增加卧室的柔性成分。其次，卧室窗帘的颜色、图案需要与床品相协调，以达到室内软装与整体装饰相协调的目的。

纱帘加布帘是卧室窗帘最为普通的组合，外面的一层选择比较厚的麻棉布料，用来遮挡光线、灰尘和噪声，营造好的休憩环境；里面一层可用薄纱、蕾丝等透明或半透明的料子，主要用来营造浪漫的情调。

通常老年人的卧室色彩宜庄重素雅，可选暗花和色泽素净的窗帘；年轻人的卧室则宜活泼明快，窗帘可选现代感十足的图案花色。追求浪漫的居住者，可以在纱帘的式样上花些功夫，选择层层叠叠的罗马式窗帘为整个居室增添一分柔美，同时提升睡眠质量。

▲ 纱帘加布帘是卧室窗帘的常见组合

3. 书房窗帘搭配

很多人把家里所有的窗户都装成了布帘，其实没必要。书房是居住者学习的场所，主要是营造一种稍显严肃又能够透露出生活气息的氛围，相对卧室而言，更崇尚简约的风格，所以更适合卷帘或百叶窗、垂直帘。还有一种纯纱帘，也称为日夜帘。这种帘子的小孔疏密不是均匀分布的，通过将纱帘卷到不同的程度就能起到不同的效果。当密织的纱窗占据主导的时候，书房的光线就能被挡住；当稀疏的纱孔露出来时，就又可以欣赏窗外的景色了。

书房窗帘色彩不能太过艳丽，否则会影响读书的注意力；同时长期用眼，容易疲劳，所以在色彩上要考虑那些大自然的颜色，如绿色、蓝色、乳黄色、白色等，给人以舒适的视觉感。

▲ 书房窗帘的色彩应给人舒适感，避免选择纯度太高的艳丽色彩

4. 儿童房窗帘搭配

儿童房不妨采取色彩鲜艳、图案活泼的面料做窗帘或布百叶，也可用印花卷帘。一方面应选择色彩比较丰富的款式；另一方面最好选择带有可爱卡通图案，例如米老鼠、小熊维尼、喜羊羊等，这些可以让孩子比较有亲切感；也可以选择星星和月亮图案，可以让孩子能情绪安静，容易入睡；也可以根据孩子喜欢的类型来选，比如男孩可能会选玩具车、帆船之类的图案，女孩喜欢梦幻一点的卡通图案，比如白雪公主、米老鼠、小熊维尼等。

▲ 儿童房适合选择带有卡通图案的窗帘

5. 餐厅窗帘搭配

餐厅位置如果不受曝晒，一般有一层薄纱即可。窗纱、印花卷帘、阳光帘均为上佳选择。当然，如果做罗马帘的话会显得更有档次。餐厅窗帘色彩与纹样的选择要与餐椅的布艺、餐垫、桌旗保持一致，不能跳出来，使整个空间显得协调一致。窗帘花色不要过于繁杂，尽量简洁，否则会影响到人的食欲，材质上可以选择一些比较薄的化纤材料，比较厚的棉质材料容易吸附食物的气味。

▲ 餐厅窗帘的色彩和纹样跟餐椅布艺相呼应

6. 厨房窗帘搭配

厨房作为油烟最多的地方，很多业主都会选择不挂窗帘，但有时由于房间朝向带来的光照和私密性问题，还是需要用一面窗帘遮挡光线。

在选择厨房窗帘时，首先要考虑怎样避免或减小油污问题。一般有两种材质可以选择。一是百叶窗帘，百叶窗帘多以铝合金，木竹烤漆等材质加工而成，这类材料具有遮阳、隔热、透气防火、耐用常新等特点，在厨房内长时间使用也不会有很大的变化。二是卷帘窗帘，这类窗帘采用的是聚酯涤纶面料或者玻纤面料，能够防高温，防油污，并且方便卷起放下，实用性很高。

不过，目前用布艺作为厨房窗帘的家庭也有不少，由于装饰性强，适合不同风格的厨房，因此受到不少年轻人的喜爱。例如，将厨房窗帘装饰分为三等份，上下透光，中间拦腰悬挂上一抹横向的小窗帘，或者中间透光，上下两边安装窗帘。这样一来，不仅保证厨房空间具有充足的光线，同时又阻隔了外界的视线，不做饭的时候就可以放下来，起到美观厨房的作用。

▲ 厨房窗户中间透光，上下两边安装窗帘

7. 卫浴间窗帘搭配

卫浴间较为潮湿，很容易滋生霉菌，因此窗帘款式应以简洁为主，好清理的同时也要易拆洗，尽量选择能防水、防潮、易清洗的布料，特别是那些经过耐脏、阻燃等特殊工艺处理的布料。同时，卫浴间也是比较私密的空间，因此朝外的窗帘可以选择遮光性较好的材质，同时具备一定的防水功能。

▲ 卫浴间选择合适的窗帘布艺可为小空间增添浪漫风情

○○○ 第四节

床品布艺搭配

Cloth Art

床品是卧室最亮丽的风景，搭配正确能给卧室增添美感与活力。而随着现代软装中不再把床品当作耐用品，居住者将会选择多套床上用品，依据环境及心情的不同来搭配。

一、床品布置要点

床品在卧室的软装系统中也占有很大的比重，常规的处理是将床品按被面、压毯和抱枕等组成一个系统，与空间硬装融合在同一个色彩体系中，可以考虑利用图案纹样作出统一中的变化。

1. 呼应风格主题

床品首先要与卧室的装饰风格保持一致，自然花卉图案的床品搭配田园格调十分恰当，抽象图案则更适合简洁的现代风格。其次，床品在不同主题的居室中，选择的色调自然不一样。对于年轻女孩来说，粉色是最佳选择，粉粉嫩嫩可爱至极；成熟男士则适用蓝色，蓝色体现理性，给人以冷静之感。

▲ 蓝色床品给人以理性冷静之感

▲ 粉色床品适合打造女孩房的公主主题

2. 选好床品面料

床品面料大多以棉为主，因为是与身体直接接触，一定要挑选纯棉、真丝等质地柔软的面料。这些床品手感好，保温性能强，也便于清洗，最好选择采用环保染料印染的纯棉高密度的面料，其他材料如麻、毛料、蕾丝一般都作为搭配。面料的肤触感越好，感觉越柔细，越适合使人入眠。

▲ 纯棉面料的床品是最佳选择

3. 遵循相近法则

为了营造安静美好的睡眠环境，卧室墙面和家具的色彩都会柔和，因此床品选择与之相同或者相近的色调绝对不会出错，同时，统一的色调也让睡眠氛围更柔和。为了渲染生机，选择带有轻浅图案的面料，会打破色调单一的沉闷感。

在材质上，如果选择与窗帘、沙发或抱枕等布艺相一致的面料作为床品，让卧室更有整体感，无形中增加了睡眠氛围。这种搭配更适用于墙面、家具为纯色的卧室，否则太过杂乱。

▲ 床品与床尾凳、花艺的色彩相近形成和谐感，通过纹样制造变化打破单调感

4. 合理配搭单品

床品包括床单、被子和枕头等，但如果要更加美观，大小不一、形状各异的抱枕是颇具性价比的单品。各单品之间完全同花色是最保守的选择；要效果更好，则需采用同色系不同图案的搭配法则，甚至可以将其中一两件小单品配成对比色，如此一来，床品才能作为软装的重头戏为房间增色。如果多个抱枕的堆积感觉太繁琐的话，为床搭配一条绗缝的床盖是另一个方便的选择。

▲ 利用亮色的抱枕单品打破黑白灰床品的清冷感

二、床品色彩搭配

床品的色彩和图案直接影响卧室装饰的协调统一，从而间接影响到睡眠心理和睡眠质量。因此，在确定床品材质后，一定要根据卧室风格慎重选择床品的色彩和图案。床品通常根据卧室主体颜色搭配相似颜色，例如卧室主体颜色是紫色，应搭配以白色为主带少许紫色装饰图案的床品，而不要再选择大面积为紫色的床品，否则整体就显得浑然一体，没有层次和主次感。

▲ 床品应遵循卧室的主体颜色，但要突出层次感

1. 做好主次之分是重点

卧室主体颜色是整体，床品是局部，所以不能喧宾夺主，只能起点缀作用，要有主次之分。床品的色彩和图案要遵从窗帘和地毯的系统，最好不要独立存在，哪怕是希望形成撞色风格，色彩也要有一定的呼应。

▲ 床品布艺与地毯的色彩形成一定的呼应，给人协调感的同时又有主次之分

▲ 紫色床品布艺与黄色墙面虽然形成一组撞色，但是在床品的花纹中依然存在与墙面相呼应的颜色

2. 形成色彩反差活跃气氛

如果卧室的主体颜色是浅色，床品的颜色如再搭配浅色，这样整体就显得苍白、平淡，没有色彩感。这种情况下，建议床品可搭配一些深色或鲜艳的颜色，如咖啡色、紫色、绿色、黄色等，整个空间就显得富有生机，给人一种强烈的视觉冲击感。反之，卧室主体颜色是深色，床品应选择一些浅色或鲜亮的颜色，如果再搭配深色床品，就显得沉闷、压抑。

▲ 亮色床品与米色系卧室空间形成反差，制造视觉亮点

▲ 暖色系床品适合光线不足的卧室空间

3. 根据实际情况进行调节

如果是一个人居住，从心理上来说，颜色鲜艳的床品能够填充冷清感；如果是多人居住，条纹或者方格的床品是一个合适选择；如果卧室面积偏小，最好选用浅色系床品来营造卧室氛围；如果卧室很大，可选用强暖色床品去营造一个亲密接触的空间；如果卧室位置背光，光线阴暗的话，那么建议不要选择冷色系的床品，例如绿、蓝、紫等，可以适当搭配一些暖色，例如浅麻、米色、橘色等，反之亦然。

▲ 颜色鲜艳的床品有助于消除冷清感

4. 注重床品的环保性

深色系的床品在营造卧室氛围上，确实比浅色床品更出色。但是需要提醒的是，现在大多数床品还是使用印染技术。不排除一些小品牌选择的廉价染料，可能含有偶氮、甲醛等有害物质，床品颜色太深，可能会有隐患。因此，从颜色的角度来看，床品越浅淡越素雅，安全性越高。例如，纯白色系列的床品通常采用纯天然棉花的白花，不存在染色及其他化学剂的成分，是相对原始也是比较健康环保的全棉产品。

如果想选择带有图案花纹的床品，可以考虑提花及刺绣工艺的类型，因为这些床品上的图案是利用机器在纺织过程中用棉线编织或人工刺绣而形成的图案，并不是利用印染工艺的化学剂印染上去的，因此不含有致癌物质。

▲ 纯白色系列的床品通常是比较健康环保的产品

▲ 提花工艺的床品

三、床品氛围营造

在居室中，根据自己的心情来调整床品的样式，以最快速的手法来打造空间氛围感，无疑是一种既聪明又省力的好方法。

1. 素雅氛围

营造素雅氛围的床品通常没有中式的大红大紫，没有传统的美丽多姿，也没有欧式的富丽堂皇，采用单一色彩进行床品的配搭，在花纹上，也没有传统的花卉图案，取而代之是线条简略、经典的条纹、格子的外形。

2. 奢华氛围

营造奢华氛围的床品多采用象征身份与地位的金黄色、紫色、玉粉色为主色调，流露出贵族名门的豪气。一般此类床品用料讲究，多采用高档舒适的提花面料。大气的大马士革图案、丰富饱满的褶皱以及精美的刺绣和镶嵌工艺都是搭配奢华床品的重要元素。

3. 自然氛围

搭配自然风格的床品，通常以一款植物花卉图案为中心，辅以格纹、条纹、波点、纯色等，忌各种花卉图案混杂。

4. 梦幻氛围

搭配梦幻氛围的女孩房床品，粉色系是不二之选，轻盈的蕾丝织物、多层荷叶花边、花朵、蝴蝶结等都是女孩的造梦高手。

5. 活跃氛围

格纹、条纹、卡通图案是男孩房床品的经典纹样。强烈的色彩对比能衬托出男孩活泼、阳光的性格特征。面料宜选用纯棉、棉麻混纺等亲肤的材质。

6. 知性氛围

有序列的几何图形能带来整齐、冷静的视觉感受，打造知性干练的卧室空间选用这一系列的图案是个非常不错的选择。

7. 个性氛围

动物皮毛仿生织物应用于装饰类的构件即好，可以打造十足的个性气息。但应避免大面积的使用，否则会让整套床品看起来臃肿浮夸。

8. 简约氛围

搭配一组耐人寻味的简约风格床品，纯色是惯用的手段，面料的质感才是关键，压绉、衍缝、白织提花面料都是非常好的选择。

9. 传统氛围

打造传统氛围的床品需要从纹样上延续中式传统文化的意韵，从色彩上突破传统中式的配色手法，利用这种内在的矛盾打造强烈的视觉印象。

四、床品风格选择

1. 中式风格床品

中式风格床品多选择丝绸材料制作。中式团纹和回纹都是这个风格最合适的元素，有时候会以中国画作为床品的设计图案。尤其在喜庆时候采用的大红床组，更是中式风格最明显的表达。

2. 美式风格床品

美式风格床品的色调一般采用稳重的褐色或者深红色，在材质上面，多会使用钻石绒布或者真丝做点缀，一般会出现简单的古典图腾花纹做点缀，在抱枕和床旗上通常会出现大面积吉祥寓意的图案。

3. 欧式风格床品

欧式风格的床品多采用大马士革、佩斯利图案，风格上大方、庄严、稳重，做工精致。这种风格的床品色彩与窗帘以及墙面的色彩应高度统一或互补。欧式风格中的意大利风格床品则采用非常纯粹色彩的，艺术化的图案构成。设计师会像在画布上作画一般，随意地在床品上创作图案，有些甚至将凡·高、莫奈等艺术大师的油画名作印成床品，也能达到非常特殊的艺术效果。

4. 现代风格床品

现代风格床品造型简洁，色彩方面以简洁、纯粹的黑、白、灰和原色为主，不再过多地强调传统欧式或者中式床品的复杂工艺和图案设计，有的只是一种简单的回归。

5. 田园风格床品

田园风格床品的色彩一般都会和田园家具一样，色彩淡雅，多为米白色。在面料上，会经常出现纯棉或者亚麻装饰，营造一种自然的感觉。在花纹上，田园风格床品经常出现一些植物图案或者碎花图案，再配合一些格子和圆点做装饰点缀。

6. 东南亚风格床品

东南亚风格的床品色彩丰富，可以总结为艳、魅，多采用民族的工艺织锦方式，整体感觉华丽热烈，但不落庸俗之列。

7. 新古典床品

新古典风格床品经常出现一些艳丽、明亮的色彩，有时一些个性的床品还会出现非常极致的色彩，例如黑白、紫色等，给人一种眼前一亮的感觉，非常符合现代都市时尚人群的审美观念。新古典风格床品在材质上经常会使用一些光鲜的面料，例如真丝、钻石绒等，为的只是把新古典风格演绎到极致。一般此类床品的图案不会很多，出现的也是一些几何图形。

五、常见床幔款式

目前越来越流行的床头帘也成了卧室软装的新宠，它既可以让相对单调的床头背景墙的装饰性丰富起来，也能和床品以及周围的家具相互搭配，把卧室打造得更加温馨迷人。

1. 简约式床幔

简约式床幔通常是一块布从床头搭到床尾，没有花边和滚边的修饰。一般床都会设置床柱与横梁，在横梁上搭上一段半透明的丝绸或者质地轻薄的布料，就可以形成最简单的床幔。绸床幔质感轻盈，充满浪漫气息，非常适合在春秋季使用；冬季则可以将丝绸换成稍厚的布料，笼罩在床头，保持床内的温度。丝绸的价格相对较高，可以选择质地同样轻盈的纤维合成材料，但是布料一定要具有垂感，这样才能形成好看的褶皱。

2. 垂挂式床幔

垂帘式类似于单层对开式窗帘，将床幔直接吊挂在床柱结构的横杆或墙壁上，以打结或吊挂的方式悬挂，这样的床幔往往更具备装饰功能，常见于许多欧式风格的卧室中，

如果将垂帘式床幔悬挂于床中心的上方，四周散开，就能够形成一个完整的床幔，并且这样的悬挂方式不需要床具有床柱或者横梁。大圆床尤其适合中间垂帘式床幔，可以恰到好处地点缀圆床空旷的上方空间，与床形成一个整体，也遮蔽了圆床背后不便利用的角落。应注意的是床幔要与床的长、宽大致相当，拉开后能平展最好，过长过宽便是败笔。

3. 双层式床幔

双层式通过立柱悬挂或加篷顶的方式，将床头与横梁共同组合起来组成床幔，再配以花色与工艺考究的布料，显得雍容华贵，颇具古典与浪漫。如果将双层式床幔的花色换为粉红、翠绿等鲜亮的颜色，则成为儿童房的最佳选择。此外，双层式床幔对空间的要求较高，一般需要层高 2.8m 以上的空间才适合使用。

六、床幔风格选择

床幔既漂亮又浪漫，但倘若没有搭配好也会适得其反。由于现在的卧室都不是很大，床幔会在视觉上占用一定空间，会使得卧室显得更小，所以在面料和花色的选择上，最好要与卧室中窗帘、床品或者其他家具的色调保持统一。假如床幔有帘头，那么窗帘也最好做成有帘头的。此外，不同风格的卧室适用的床幔款式也各不一样。

1. 东南亚风格床幔

东南亚风格的卧室中很多都是四柱床，这种类型的床做窗幔，一般可选择穿杆式或者吊带式：吊带式床幔纯真浪漫；穿杆式床幔相对华丽大气。为营造出东南亚风格的原始、热烈感，这种风格的床幔一般都选择亚麻材质或者纱质，色调上大多选择单色，如玫红色、亚麻色、灰绿色等。

2. 田园风格床幔

带有高高幔头的床幔可以轻松营造公主房的感觉。这类床幔大都是贴着床头，将床幔杆做成半弧形，为了与此协调，床幔的帘头也都做成弧形，而且大都伴有荷叶边装饰。如果想突出田园风格恬静纯美的感觉，床幔的花色图案可选择白底小碎花、小格子、白底大花或是细条纹等。

3. 欧式风格床幔

欧式风格床幔可以营造出一种宫廷般的华丽视觉感，造型和工艺上并不复杂，最好选择有质感的织绒面料或者欧式提花面料。同样，为了营造古典浪漫的视觉感，这类风格床幔的帘头上大都会有流苏或者亚克力吊坠，又或者用金线滚边来做装饰。

○○○ 第五节

抱枕布艺搭配

Cloth Art

日常生活中，没有抱枕的沙发，尤其对于布艺沙发来说，可谓是孤单乏味的。合理的沙发与抱枕搭配不仅能够让人赏心悦目，而且还能充分发挥抱枕的使用功能。

一、常见抱枕材料

抱枕之所以传递温馨，除了色彩图案的视觉感受，材料的触感也很重要。抱枕的材料主要分为内芯材料和外包材料，通常内芯材料重舒适，外包材料注重与沙发相称。此外，不同缝边花式的抱枕，选择和运用起来也十分有讲究。

1. 内芯材料

抱枕的内芯材料一般有海绵、棉花、中空棉等，这些材料蓬松柔软，选择时以舒适度和自己的适应感为主。虽然没必要选择昂贵的填充物，但是最好里面含有羽毛和绒毛成分。95% 羽毛和 5% 绒毛成分的混合填充物是个不错的选择。

2. 外包材料

外包材料一般使用平纹棉、斜纹棉、绒料、绸缎、尼龙、帆布等，其选择标准为既要符合居住者喜欢的质感和舒适度，也要与沙发的整体风格相称。如果家中沙发的材质比较细腻的话，就不要选择太粗糙的抱枕面料；如果喜欢比较夸张或者略带粗犷的原始味道，则建议选择帆布、麻布、棉麻等质地比较粗朴的材质。

▲ 手感柔和的绒料抱枕

▲ 质感粗犷的麻布抱枕

3. 缝边花式

抱枕的种类很多，若以缝边来区分，可以分为须边、荷叶边、宽边、内缝边、滚边及发辫边等。不同的缝边不仅呈现效果不同，也可以装饰不同的空间风格。一般而言，须边、发辫边抱枕比较适合古典家居空间；生机勃勃的荷叶边更适合自然乡村风味的家居空间；宽边抱枕可以兼顾乡村和现代两种不同的家居风格；而如果想拥有一个能适用多种家居风格的抱枕，则非保守的内缝边或滚边抱枕莫属。

▲ 发辫边

▲ 宽边

▲ 须边

▲ 荷叶边

二、抱枕色彩搭配

抱枕是改变居室气质的好装饰，几个漂亮的抱枕完全可以提升沙发区域的可看性，不同颜色的抱枕搭配不一样的沙发，也会打造出不一样的美感。

1. 找到色彩平衡

如果室内色彩比较丰富，选择抱枕时最好采用同一色系且淡雅的颜色，这样不会使空间环境显得杂乱。如果室内的色调比较单一，这时候抱枕就可以选择用一些撞击性强的对比色，起到活跃氛围、丰富空间的视觉层次的作用。抱枕如果呈前后叠放的话，尽量挑选单色系的与带图案的抱枕组合，大单色的抱枕在后，小的图案抱枕在前。

▲ 前后叠放的抱枕应图案在前，单色在后

▲ 色调单一的室内空间适合选择对比撞色的抱枕

▲ 色彩丰富的室内空间适合选择同一色系的抱枕

2. 遵循色彩主线

想要选好抱枕的颜色，就需要去找寻房间里其他的颜色。如果家中的花卉植物很多，抱枕色彩图案也可以花哨一点；如果是简约风格，选择条纹的抱枕肯定不会出错，它能很好地平衡纯色和样式简单的差异；如果房间中的灯饰很精致，那么可以按灯饰的颜色选择抱枕；如果根据地毯的颜色搭配抱枕，也是一个极佳的选择。

▲ 花卉植物布置较多的房间可以选择色彩图案花哨一些的抱枕

▲ 根据地毯的颜色搭配抱枕是十分保险的选择

3. 递减色彩层次

先以沙发上的纯色抱枕作为基础，串联起其他不同的颜色和图案。不管接下来选的抱枕上有什么图案，但其中一个图案的颜色必须是第一个抱枕上面出现过的。第三个抱枕的图案可以更复杂，但同样上面的一个颜色必须和第一个抱枕重合。不管是颜色还是图案，面积都是从大到小层层递减的。

▲ 从左至右的三个抱枕图案各不相同，但通过色彩的呼应形成关联

4. 协调沙发色彩

既然是给沙发搭配抱枕，在色彩上自然应该先考虑沙发的颜色。深色系沙发如黑色、棕色、咖啡色等，浅色系沙发如米色、白色、浅灰色等，彩色系沙发如蓝色、绿色、紫色、粉色、格子沙发或者其他色彩明快的纯色以及印花沙发等。除此之外，还有的沙发靠背和坐垫是双色设计。总之，不同色系的沙发，抱枕的搭配方案不尽相同。

深色系沙发的抱枕搭配方案

深色系沙发给人的感觉会比较压抑，因此应适当选择一些浅色抱枕，与之形成对比。但是要点亮整个沙发区，仅依靠浅色抱枕是不够的，还需要点缀一个色彩比较亮丽的抱枕，让它从沙发区跳脱出来，成为视觉焦点。如果不喜欢太过鲜明的深浅对比，也可以增加一点中性色的抱枕，在沙发区的抱枕组合中作为过渡。而一些色彩有深有浅的几何纹抱枕或者印花抱枕，也是装点深色沙发的不错选择。

彩色系沙发的抱枕搭配方案

如果是色彩比较亮丽的彩色系沙发，那么抱枕的搭配则应该主要从协调和呼应的角度入手。通常情况下，用浅色抱枕 + 与沙发同色系的印花抱枕或者几何纹抱枕是相对比较稳妥的选择，如果房间里已经放满了各种图案的饰品，并且彩色沙发本身也是有图案的，这个时候选择跟沙发主色调相同，同时又带有凹凸纹理的纯色抱枕即可。

浅色系沙发的抱枕搭配方案

浅色系沙发抱枕的搭配原则同样是通过深浅的对比来达到视觉上的平衡。由于浅色沙发给人的感觉会比较雅致，因此在抱枕选择上可以考虑用深色抱枕 + 中性色抱枕 + 个别装饰性抱枕来组合。深色抱枕可以让沙发区给人的感觉更鲜明；中性色抱枕则可以作为沙发区的平衡和过渡；装饰性的抱枕可以是色彩相对比较亮丽的纯色或者印花抱枕，也可以是材质相对比较浮夸的或者工艺相对比较精致的，例如看起来华丽的羽毛抱枕等。

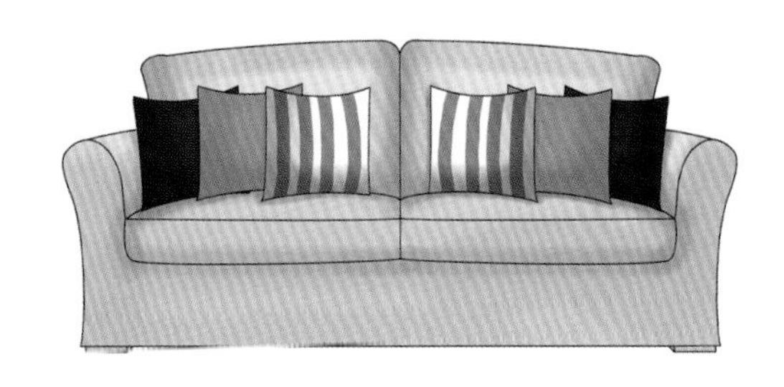

双色系沙发的抱枕搭配方案

如果沙发靠背与坐垫是双色设计，那么抱枕的选择只要遵循两种色彩兼而有之，并注意色彩过渡即可。以最为常见的棕色 + 白色双色沙发为例，可以在靠近沙发靠背的最里侧或者靠近扶手的最外侧，摆放一个白色或者米色的带有细条纹的抱枕，然后紧挨着这个浅色抱枕摆放一个浅驼色或者奶咖色抱枕作为过渡。最后，再摆放一个装饰性比较强的棕色系抱枕，作为点睛之笔，最终呈现出来的效果一般都会让人觉得满意。

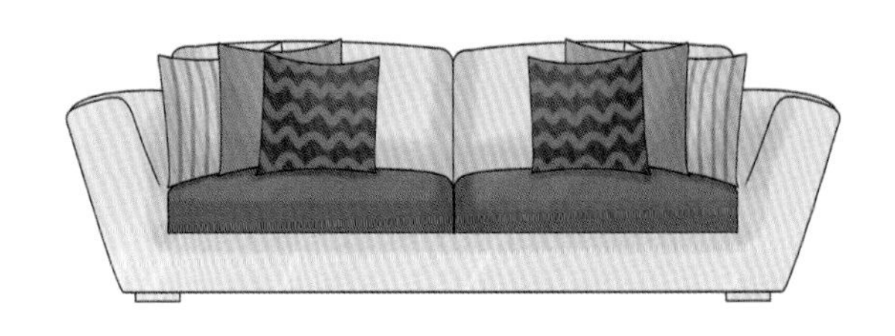

三、抱枕摆设法则

通常不建议沙发上放太多抱枕，因为毕竟沙发是要来坐的。但如果想要尝试在沙发上堆放多个抱枕，要记得一个原则：大的抱枕放在离视线较远的地方，小的抱枕放在离视线较近的地方，因为这样视觉效果才是最舒适的。

而且抱枕也应该尽量由简单纹路、复杂纹路、立体感线条等多种抱枕组合在一起，这样沙发区才不会给人很沉闷厚重的感觉。

1. 左右平衡法

将抱枕左右平衡对称摆放的方式给人的感觉整齐有序，具体根据沙发的大小可以左右各摆设一个、两个或者三个抱枕。注意选择抱枕时除了数量和大小，在色彩和款式上也应该尽量选择平衡对称。

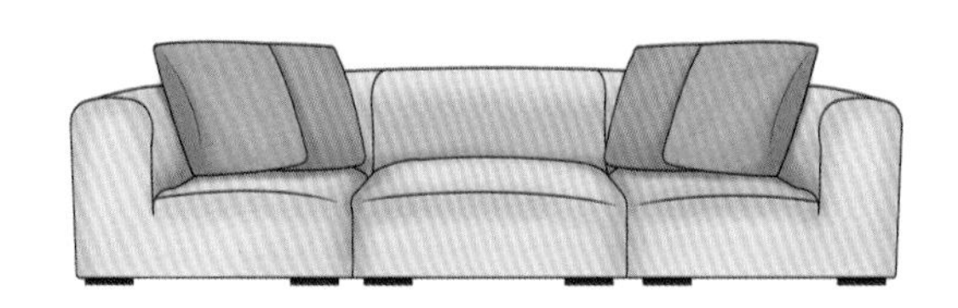

▲ 左右平衡对称摆设抱枕

2. 大小搭配法

将大抱枕放在沙发左右两端，小抱枕放在沙发中间，会给人一种和谐舒适的视觉效果。而且从实用角度来说，大抱枕放在沙发两侧边角处，可以解决沙发两侧坐感欠佳的问题。将小抱枕放在中间，则是为了避免占据太大的沙发空间。

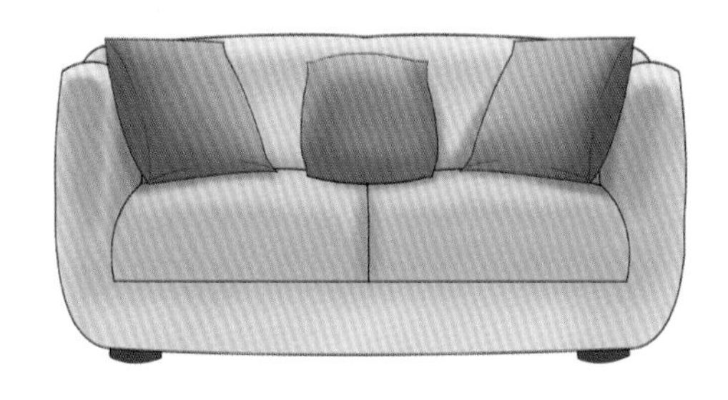

▲ 大抱枕摆在两侧，小抱枕摆在中间

3. 随意摆设法

一种摆设方案是在沙发的其中一头摆放三个抱枕，另一侧摆放一个抱枕。这种组合方式看起来更富有变化，但要注意单个抱枕与三个抱枕之间的某个抱枕大小款式形成呼应，以实现沙发的视觉平衡。如果沙发是古典贵妃椅造型或者规格比较小，可以把抱枕集中摆设在沙发一侧。由于人总是习惯性地第一时间把目光的焦点放在右边，因此，最好把抱枕都摆在沙发的右侧。

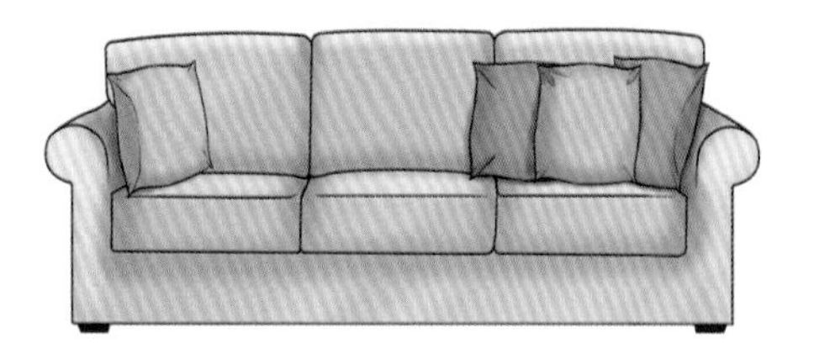

▲ 3+1 组合的抱枕摆设方式

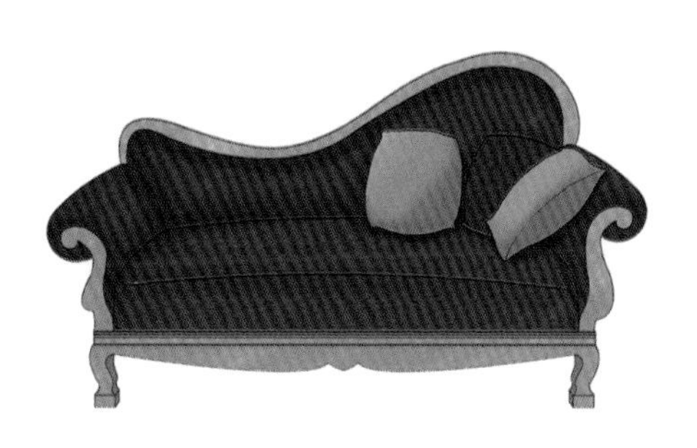

▲ 古典贵妃椅上的抱枕可集中摆设在右侧

4. 前后叠放法

对于座位比较宽的沙发，需要前后叠放摆设抱枕，应在最靠近沙发靠背的地方摆放大一些的方形抱枕，然后在中间摆放相对较小的方形抱枕，最外面再适当增加一些小腰枕或糖果枕。这样使得整个沙发区看起来层次分明，而且舒适性极佳。

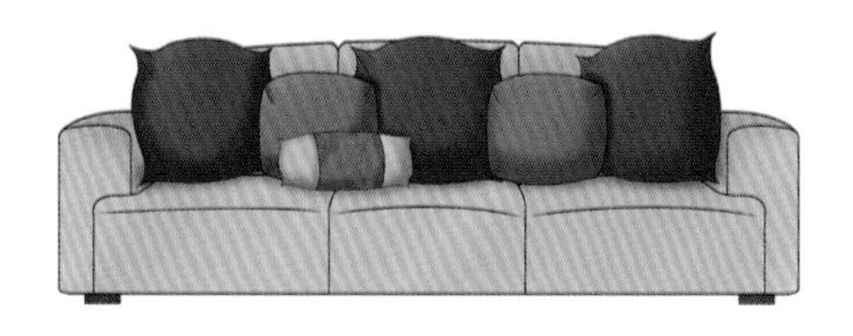

▲ 大抱枕摆在后面，小抱枕摆在前面

○○○ 第六节

地毯布艺搭配

Cloth Art

地毯作为软装元素中的重要成员，在居家环境中扮演着重要角色。美观实用的地毯、新颖独特的块毯、装饰性强的艺术挂毯，都能给居家生活舒适美好的享受。

一、常用地毯材质

地毯的材质有很多，即使使用同一制造方法生产出的地毯，也由于原料、绒头的形式、绒高、手感、组织及密度等因素，而产生不同外观效果。最好根据每种地毯材质的优缺点，综合评估不同材质的性价比，然后根据装饰需要选择物美价廉的地毯。

1. 羊毛地毯

羊毛毯一般以绵羊毛为原料编织而成，最常见的分拉毛和平织两种，价格相对比较昂贵。

羊毛地毯拥有最舒适的触感，同时也非常百搭，能带来饱满充盈的感觉，提升空间的温暖指数。建议将羊毛地毯用于卧室或更衣室比较理想，因为这类空间通常比较私密，比较清洁，也可以赤脚踩在地毯上，脚感非常舒适。

2. 纯棉地毯

纯棉地毯分平织、线毯、雪尼尔簇绒系列等很多种，性价比较高，脚感柔软舒适，其中簇绒系列装饰效果非常突出，便于清洁，可以直接放入洗衣机清洗。纯棉地毯有加底和无底两种类型，加底的主要起到防滑作用。一般来说，客厅及卧室、书房等可选用无底的纯棉地毯，卫浴间、玄关、餐厅等可选用加底的纯棉地毯，固定效果更突出。

3. 合成纤维地毯

合成纤维地毯分为两种，一种使用面主要是聚丙烯，背衬为防滑橡胶，价格与纯棉地毯差不多，但花样品种更多，不易褪色，脚感不如羊毛及纯棉地毯，适用于餐厅、卫浴间或是儿童房；另一种是仿雪尼尔簇绒系列纯棉地毯，形式与其类似，只是材料换成了化纤，价格便宜，但容易起静电，如果是赤脚踩在上面会很不舒服，建议可以作为玄关处的脚垫使用。

4. 动物皮毛地毯

一般为碎牛皮制成，颜色比较单一，烟灰色或怀旧的黄色最多。动物皮毛地毯带着一股桀骜不驯的气质，这股天生的野性也是自由与闲适的象征。一张动物皮毛地毯足以将主人崇尚自然、爱好自由的心性展现得一览无余。通常适用于客厅、书房等空间。

5. 麻质地毯

麻质地毯是乡村风格最好的烘托元素，分为粗麻地毯、细麻地毯以及剑麻地毯，是一种具有质朴感和清凉气息的软装配饰。麻质地毯拥有极为自然的粗犷质感和色彩，用来呼应曲线优美的家具、布艺沙发或者藤制茶几，效果都很不错，尤其适合美式、东南亚、地中海等亲近自然的风格。

6. 碎布地毯

碎布地毯是性价比最高的地毯，材料朴素，所以价格非常便宜，花色以同色系或互补色为主色调，清洁方便但不适合大面积应用。用于客厅或餐厅等空间会略显朴素，但放在玄关处、更衣室或书房处不失为物美价廉的好选择。

二、地毯的色彩与图案

地毯的颜色多样，并且每一种颜色的地毯给人一种不一样的内涵和感受。在软装搭配时，可以将居室中的几种主要颜色作为地毯的色彩构成要素，这样选择起来既简单又准确。在保证了色彩的统一协调之后，最后再确定图案和样式。

1. 浅色地毯

在光线较暗的空间里选用浅色的地毯能使环境变得明亮。例如纯白色的长绒地毯与同色的沙发、茶几、台灯搭配，就会呈现出一种干净纯粹的氛围。即使家具颜色比较丰富，也可以选择白色地毯来平衡色彩。

▲ 浅色地毯可帮助提升光线较暗空间的明亮度

2. 深色地毯

在光线充裕、环境色偏浅的空间里选择深色的地毯，能使轻盈的空间变得厚重。例如面积不大的房间经常会选择浅色地板，正好搭配颜色深一点的地毯，会让整体风格显得更加沉稳。

▲ 深色地毯适用于光线充裕的空间

3. 纯色地毯

纯色地毯能带来一种素净淡雅的效果，通常适用应于现代简约风格的空间。相对而言，卧室更适合纯色的地毯，因为睡眠需要相对安宁的环境，凌乱或热烈色彩的地毯容易使心情激动振奋，从而影响睡眠质量。

▲ 纯色地毯适用于现代简约空间

4. 拼色地毯

拼色地毯的主色调最好与某种大型家具相符合，或是与其色调相对应，比如红色和橘色，灰色和粉色等等，和谐又不失雅致。在沙发颜色较为素雅的时候，运用撞色搭配总会有让人惊艳的效果。例如，黑白一直都是很经典的拼色搭配，黑白撞色地毯经常用在现代都市风格的空间中。

▲ 拼色地毯容易制造视觉亮点

5. 条纹地毯

在长方形的餐厅、过道或者其他偏狭长的空间，横向铺一张条纹的地毯能有效地拓宽视觉。

▲ 条纹地毯可有效拉升空间视觉宽度

6. 格纹地毯

在软装配饰纹样繁多的场景里，一张规矩的格纹地毯能让热闹的空间迅速冷静下来而又不显突兀。

▲ 格纹地毯给空间带来理性气质

7. 几何纹样地毯

几何图案的地毯简约不失设计感，更深受年轻人的喜爱，不管是混搭还是搭配北欧风格的家居都很合适。有些几何纹样的地毯立体感极强，这种纹样的地毯应用于光线较强的房间内，如客厅、起居室内，再配以合适的家具，可以使房间显得宽敞而富有情趣。

▲ 几何纹样地毯表现出极强的立体感

8. 花纹地毯

精致的小花纹地毯细腻柔美；繁复的暗色花纹地毯十分契合古典气质。地毯上的花纹一般是根据欧式、美式等家具上的雕花印制而成的图案，具有一种高贵典雅的气质，配合宽敞豪华的欧式风范客厅，可以更好地彰显出奢华品位。

▲ 花纹地毯具有高贵典雅的格调

9. 动物纹样地毯

时尚界经常会采用豹纹、虎纹为设计要素。这种动物纹理天然地带着一种野性的韵味，这样的地毯让空间瞬间充满个性。

▲ 动物纹样地毯充满个性气息

10. 植物花卉纹样地毯

植物花卉纹样是地毯纹样中较为常见的一种，能给大空间带来丰富饱满的效果。在欧式风格中，多选用此类地毯以营造典雅华贵的空间氛围。

▲ 植物花卉纹样地毯带来丰富饱满的装饰效果

三、地毯风格选择

地毯不仅是提升空间舒适度的重要元素，其色彩、图案、质感又在不同程度上影响着空间的装饰主题。可以根据空间整体风格选择与之呼应的地毯，让主题更集中。

1. 现代风格地毯

现代风格空间中，既可以选择简洁流畅的图案或线条，如波浪、圆形等抽象图形，也可以选择单色地毯。颜色在协调家具、地面等环境色的同时也要形成一定的层次感。如果觉得风格太素，可以选择跳跃一点的颜色来活跃整个氛围。

▲ 现代风格地毯

2. 北欧风格地毯

北欧风格的地毯有很多选择，一些极简图案、线条感强的地毯可以起到不错的装饰效果。黑白两色的搭配是配色中最常用的，同时也是北欧风格地毯经常会使用到的颜色。在北欧风格地毯中，苏格兰格子是常用的元素。此外，流苏是近年来非常流行的服装与家居装饰元素。不少北欧风格地毯中，也会使用这样的流苏元素。

3. 乡村风格地毯

乡村风格家居可以选择动物的皮毛或图样做地毯，也可以搭配一块纯天然材质的地毯来呼应家居营造的乡村格调。自然材质轻松质朴的气息使乡村主题更加集中。同时，自然材质的地毯还属于低碳环保的绿色材料，能够提供清新健康的空气以及舒适的脚感。

4. 工业风格地毯

地毯的应用在工业风格的空间当中并不多见，大多应用于床前或沙发区域，基本采用浅褐色的棉质或者亚麻编织地毯。

5. 欧式风格地毯

欧式风格地毯的花色很丰富，多以大马士革纹、佩斯利纹、欧式卷叶、动物、建筑、风景等图案为主，材质一般以羊毛类的居多。

6. 新古典风格地毯

新古典风格家居可考虑带有欧式古典纹样、花卉图案的地毯，可以选择一些偏中性的颜色。在大户型或者别墅中，带有宫廷感的地毯是绝佳搭配。

7. 新中式风格地毯

新中式风格家居既可以选择具有抽象中式元素图案的地毯，也可选择传统的回纹、万字纹或花鸟山水、福禄寿喜等中国古典图案。

大空间通常适合花纹较多的地毯，显得丰满，前提是家具花色不要太乱。而新中式风格的小户型中，大块的地毯就不能太花，不仅显得空间小，而且也很难与新中式的家具搭配，地毯上只要有中式的四方连续元素点缀即可。

8. 东南亚风格地毯

具有浓厚亚热带风情的东南亚风格，休闲妩媚并具有神秘感，常常搭配藤制、竹木的家具和配饰，可选用植物纤维为原料手工编织的地毯。

四、不同空间的地毯搭配方案

在现代家居生活之中，地毯的应用十分广泛，在客厅、卧室、书房以及卫浴间中都很常见。地毯的种类很多，但并不是所有的地毯都能用在任何一个地方，根据适用空间的不同，所选用的地毯也是不同的。

1. 客厅地毯搭配方案

客厅是走动最频繁的地方，最好选择耐磨、颜色耐脏的地毯。如果布艺沙发的颜色为多种，而且比较花，可以选择单色无图案的地毯样式。这种情况下颜色搭配的方法是从沙发上选择一种面积较大的颜色，作为地毯的颜色，这样搭配会十分和谐，不容易因为颜色过多显得凌乱。如果沙发颜色比较单一，而墙面为某种鲜艳的颜色，则可以选择条纹地毯，或自己十分喜爱的图案，颜色的搭配依照比例大的同类色作为主色调。

客厅地毯尺寸的选择要与沙发尺寸相适应。如果客厅选择 3+1+休闲椅，或者 3+2 的沙发组合，地毯的尺寸应该以整个沙发组合内围合的腿脚都能压到地毯为标准。但是如果客厅面积不是太大，应选择面积略大于茶几的地毯，空间上适度地留白会让视觉上觉得更加宽敞一些。不规则形状的地毯比较适合放在单张椅子下面，能突出椅子本身，特别是当单张椅子与沙发风格不同时，也不会显得突兀。

▲ 面积大于茶儿的地毯可增加空间的宽敞感

▲ 以沙发与单人椅的腿脚压到地毯为常规标准

▲ 不规则地毯适合放在客厅单人椅下面

2. 卧室地毯搭配方案

卧室区的地毯以实用性和舒适性为主，宜选择花型较小、搭配得当的地毯图案，视觉上安静、温馨，同时色彩要考虑和家具的整体协调，材质上，羊毛地毯和真丝地毯是首选。

卧室中可以选择满铺地毯，也可以在床靠门的一侧，或床的两侧放置地毯。在床尾铺设地毯是很多样板房中最常见的搭配。对于一般家庭，如果整个卧室的空间不大，可以在床的一侧放置一块 1.8m × 1.2m 的地毯。

▲ 卧室床尾放置地毯

▲ 卧室满铺地毯

3. 餐厅地毯搭配方案

作为餐厅的地毯，易用性是首要的，可选择一种平织的或者短绒地毯。首先，它能保证椅子不会因为过于柔软的地毯而不稳，也能因为较为粗糙的质地而更耐用。质地蓬松的地毯比较适合起居室和卧室。如果餐厅中的地毯是最先购买的，那么可以通过它作为餐厅总体配色的一个基调，从而选择墙面的颜色和其他软装饰品，保证餐厅色调的平衡。

餐厅的地毯应该保证在餐桌周围留出位置，以免在拉动椅子的时候没有足够的空间而被绊倒。如果餐厅够大，那么预留出更开阔的空间是最好的。如果餐厅面积不大，需要量一下餐桌和地毯的尺寸。一般情况下，地毯的尺寸是餐桌的边缘线往外延伸出来半米左右或者更大，是比较理想的。

▲ 餐厅地毯的尺寸以餐桌的边缘线往外延伸出半米左右为佳

4. 玄关地毯搭配方案

在玄关铺地毯也是常见选择。由于玄关地面使用频率高，一般可以选择腈纶、仿丝等化纤地毯，这类地毯价格适中，耐磨损，保养方便。玄关地毯背部应有防滑垫或胶质网布，因为这类地毯面积比较小，质量轻，如没有防滑处理，从上面经过容易滑倒或绊倒。玄关地毯花色的选择上，可根据喜好随意搭配，但要注意的是，如果选择单色玄关地毯，颜色尽量深一些，浅色的玄关地毯易污损。

如果玄关空间较小，地毯的尺寸最好能大一些，并且最好有扩展视觉印象的图案。要想使空间变大，还要学会充分地利用线条和颜色，横线线条、明快的颜色都能起到很好的效果。

▲ 玄关地毯兼具装饰与实用功能

5. 厨房地毯搭配方案

厨房是个油烟味重的地方，因此一般人家庭的厨房都不会考虑铺地毯。但其实厨房布置地毯在国外是比较流行的。在厨房中放置颜色较深的地毯，或者面积较小的地毯，不仅解决了清洁的问题，还为普通的厨房增色不少。但要注意，放在厨房的地毯必须防滑，如果能吸水最佳，最好选择底部带有防滑颗粒的类型，不仅防滑，还能很好地保护地毯。

丙纶地毯多为深色花色，弄脏后不明显，清洁也比较简便，因此在厨房这种易脏的环境中使用是一种最佳的选择方案。此外，棉质地毯也是不错的选择，因为棉质地毯吸水吸油性好，同时因为是天然材质，在厨房中使用更加安全。

▲ 厨房适合选择易清洗的丙纶地毯或棉质地毯

▲ 防滑和吸水快的地毯适合用于卫浴间

6. 卫浴间地毯搭配方案

小小一块色彩艳丽的地毯可以为单调的卫浴间增色不少。由于卫浴间比较潮湿，放置地毯主要是为了起到吸水功效，所以应选择棉质或超细纤维地垫，其中尤以超细纤维材质为佳。在出浴后直接踩在上面，不但吸水快，而且触感十分舒适。

▲ 鲜艳色彩的地毯可为卫浴间增彩

○○○ 第七节

桌布与桌旗布艺搭配

Cloth Art

餐厅每一个细节的装饰布置，都不同程度地体现着居住者的品质生活。给家中的餐桌铺上桌布或者桌旗。不仅可以美化餐厅，还可以调节进餐时的气氛。一块好的桌布与室内的环境相协调，便能为房间增色不少；如再加上一块漂亮的桌旗，当然就更能进一步地提升居室的艺术品位。

一、桌布搭配

随着现代都市家居对个性与美的追求越来越高，人们对桌布的要求，除了最基本的实用功能外，更上升到了桌布外观对整个居室空间的装饰营造，并带给人用餐时赏心悦目的美妙感觉。

1. 桌布风格选择

桌布较其他大件的软装配饰而言，因其面积和用途不大，在居家设计中常容易被忽略，但它却很容易营造气氛。各式各样不同风格的桌布，总能给家居渲染出不一样的情调。

简约风格桌布

简约风格家居空间适合白色或无色效果的桌布，如果餐厅整体色彩单调，也可以采用颜色跳跃一点的桌布营造气氛，给人眼前一亮的效果。注意，桌布不要长过桌腿高度的 1/2，更不要拖地，否则会脱离简约主题。

▲ 简约风格餐厅适合搭配白色桌布

乡村风格桌布

具有大自然田园风格的乡村格子布是永不褪色的流行，它能带来温馨舒适的感觉。搭配时，可依格子颜色的不同，相互搭配，休闲感即可充盈满室。

如果喜欢淡雅的小碎花图案，不妨利用同色系的搭配手法来呈现田园乡村情怀，在清爽宜人的素色桌布上，搭配同色系的花朵小桌布，即可将阳光、庭园、花草的感觉营造出来。

水果图案非常适合用在桌布上，除了颜色、图案可与餐桌相互辉映外，更能增进食欲，整体的搭配也可以有可爱、温馨、活泼的一面。

▲ 格纹桌布是表现乡村田园气质的不二选择

▲ 植物花卉图案的桌布显现出复古的乡村田园风情

中式风格桌布搭配

中式桌布常体现中国元素，如出现青花纹样、福禄寿喜等图案，面料多采用织锦缎中国传统纹样，自然流露出中国特有的古典意韵。

▲ 带有传统青花纹样的中式风格桌布

欧式风格桌布

欧式风格的餐桌有着古朴的花纹图案和经典造型，与其搭配的桌布需要具有同样奢华的质感，才显气质。丝光柔滑的面料最好搭配沉稳的咖啡色、金色或银色，尽显尊贵大气。

欧式风格的餐桌布艺可考虑使用叠层法。也就是先铺一张颜色较浅、花色含蓄的桌布打底，然后上边再配一款图案精美、色彩艳丽的桌旗，利用深浅色调的对比突出层次感。

▲ 欧式风格桌布多用丝质面料表现奢华感

2. 桌布色彩搭配

不同色彩与图案的桌布的装饰效果各不相同。如果桌布的颜色太艳丽，又花俏，再搭配其他软装饰品的话，容易给人一种杂乱不堪的感觉。通常，色彩淡雅类的桌布十分经典，而且比较百搭。此外，只要选择符合餐厅整体色调的桌布，冷色调也能起到很好的装饰作用。

如果使用深色的桌布，那么最好使用浅色的餐具，餐桌上一片暗色很影响食欲。深色的桌布其实很能体现出餐具的质感。纯度和饱和度都很高的桌布非常吸引眼球，但有时候也会给人压抑的感觉，所以千万不要只使用于餐桌上，一定要在其他位置使用同色系的饰品进行呼应、烘托。

▲ 色彩淡雅的桌布适用于大多数客厅

▲ 彩色条纹图案桌布表现出青春活力，适合搭配白色餐桌椅

3. 不同场合的桌布搭配

就用途而言，正式一些的宴会场合，考虑选择质感较好、垂坠感强、色彩较为素雅的桌布，显得大方；随意一些的聚餐场合，比如家庭聚餐或者在家里举行的小聚会，适合选择色彩与图案较活泼的印花桌布。

▲ 正式场合适合选择质感较好、色彩素雅的桌布

▲ 家庭聚餐适合选择色彩图案活泼的桌布

二、桌旗搭配

桌旗的使用其实是非常讲究的，不仅要与餐具、餐桌椅的色调乃至家中的整体装饰相协调，还要起到提升品位和格调的作用。选择一条有特色有质感的桌旗，自然而然地能让居住空间更显高雅。

1. 桌旗的使用功能

▲ 真丝桌旗

桌旗常常被铺在桌子的中线或对角线上，不但可以很好地保护桌面，而且可以组合桌面上的其他软装摆件，增加活跃的气氛。常见的桌旗都是织造而成的织物，根据材质可分为纯棉桌旗、真丝桌旗、粗麻桌旗等。

以前桌旗的使用范围较小，但是现在随着人们对于家居生活品质的追求越来越高，桌旗也就使用得广泛起来。确切地说，桌旗的作用不单是起到装饰餐桌的功能，还能对整个餐厅以及室内环境起到画龙点睛的作用。此外，桌旗还可以使餐厅的环境变得不再那么单调，让人们在用餐时感受到温馨的氛围。

▲ 纯棉桌旗

▲ 粗麻桌旗

2. 桌旗风格选择

中式风格桌旗多用传统的绸缎布面，刺绣大花，以红色、紫色等颜色为主，再缀以金色流苏，让人觉得赏心悦目。

欧式风格体现时尚奢华的特点，工艺复杂，配饰多，面料多采用丝绸。

日式桌旗体现日本和风文化的元素，面料多采用棉麻日式和风拼布桌旗。

美式风格体现美国乡村家居特点，面料多采用棉布。

▲ 中式风格桌旗

▲ 日式风格桌旗

▲ 欧式风格桌旗

▲ 美式风格桌旗

3. 桌旗色彩搭配

当使用素雅桌布时，最好搭配同样拥有素雅花纹的桌旗，这样会显得沉稳很多。

如果使用的是比较艳丽颜色的桌布，桌旗选择相反颜色的撞色会让整个餐桌更加出彩。

如果桌布的颜色异彩纷呈，选择同色系的桌旗会更为合适。

如果桌布是单色，就要考虑用带有花纹的桌旗增添色彩，否则整体感觉会有些单一。花纹桌旗会使餐桌有层次分明的感觉。

如果桌布上各种色彩和图案混搭，让人目不暇接，若再搭配鲜艳的桌旗，就会出现分不清层次的感觉，这时使用素雅花纹的桌旗是一个不错的选择。

▲ 单色桌布适合搭配有花纹的桌旗

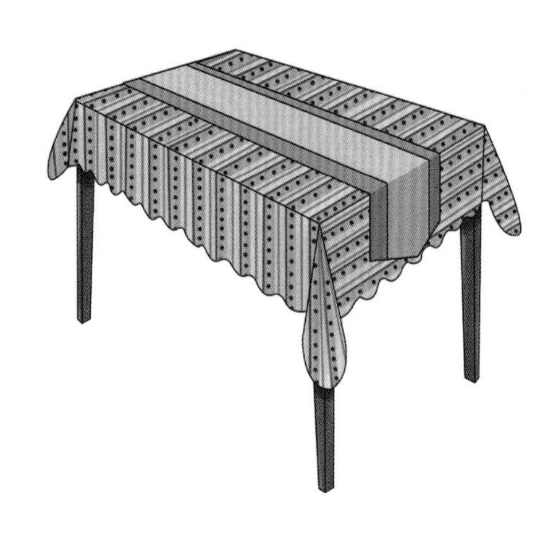

▲ 色彩与图案混搭的桌布适合搭配素雅花纹的桌旗

4. 桌旗下垂尺寸

长方形餐桌通常最多用到桌旗。桌旗的摆放非常随意，客人多的时候，桌旗顺着桌子长边的方向搭在桌子中间，两端流苏长长地垂下，菜品有序地摆在桌旗上，正式而隆重；二人世界时，可将桌旗横在桌子中央，对坐用餐，省去每人一个小餐垫的麻烦。桌旗除了铺在餐桌上之外，还留有部分悬挂在桌边，布置时应该了解下垂的黄金比例。

1.5m 的餐桌，桌旗下垂 25cm；

1.4m 的餐桌，桌旗下垂 30cm；

1.3m 的餐桌：桌旗下垂 35cm；

1.2m 的餐桌：桌旗下垂 40cm。

▲ 桌旗通常布置在餐桌长边的中线上

▲ 对坐用餐时，桌旗还能代替餐垫的功能

○○○ 第八节

布艺搭配实战案例

Cloth Art

特邀软装专家

黄涵

CBDA高级室内设计师，CBDA高级陈设设计师，菲莫斯软装培训机构高级讲师，深圳天锐软装设计公司设计总监，北京锦帛川软装设计公司设计顾问，澳门国际设计联合会副秘书长，中国流行色协会会员。从业十二年，主要设计方向为房地产售楼处和样板房、酒店、会所以及高端私宅的软装设计。主要课题方向为软装布艺与软装色彩，在国内开展多场专题讲座，得到业界高度评价。

◎ **薄麻面料布艺的随性气质**

在乡村风格里，随性和闲适是最为主要的情感需求。质地轻盈、色彩淡雅、形式简洁的窗帘是这一情感需求最好的表达方式。原木的家具、陶罐花艺等都展现着乡村生活的无拘无束。选择稀疏的薄麻面料制作窗帘，既轻盈飘逸又能让室内光线饱满，营造出自然、自在，富含穿透力和呼吸感的室内空间。简洁的反幔设计增添了不少设计感，两片蓝色的吊幔又恰到好处地点缀了素白的帘身，并与沙发抱枕等形成很好的色彩呼应关系。

◎ **棉麻材质布艺呼应中式氛围**

翠绿色的墙面成为整个空间的主体色彩，选择一款素净的窗帘更能突出主体色彩的表达。棉麻的材质是中式家具的最好搭配，营造出雅致、静谧的空间性格。窗帘款式的设计简约而不简单，主体采用了抽拉抽带和平行对开两种方式相结合。这种纵横结合的开启方式，增加了窗帘的装饰性。素净的面料加上咖色的花边缀饰，让窗帘更加饱满有层次。

◎ 女性气质的咖色窗帘

欧式新古典风格骨子带着一股贵族的奢华与女性的曼妙。窗帘的设计及选料都十分考究。咖色的金丝绒镶上精致的刺绣花边，以及轻盈清透的窗纱都将这一特点发挥到极致。以不对称的设计手法，从面料的虚与实、色彩的深与浅、体量的多与少来凸显出设计感和差异化，以新式的设计手法来诠释古典的风骨韵味，从而给人以耳目一新的感觉。

◎ 香槟色与白色的优雅气质

香槟色与白色的搭配呈现出一股优雅高贵的气质。选用了爽滑的丝光面料，淡雅的光泽更能展现出雅致的格调。双层水波幔的设计加上荷叶边的镶边，使得幔头华丽而隆重，而帘体下摆的香槟色重工刺绣工艺与幔头上下映衬，从色彩上和形式上都形成非常和谐的呼应，使得整套窗帘比例协调、层次丰富。

◎ 法国蓝与香槟金的高贵气质

简欧风格的窗帘传承了欧洲宫廷的典雅和高贵气质，选择了优雅的法国蓝作为主色调，穿插以香槟金进行色彩层次的延展。窗幔的设计采用水波和平幔结合的方式，创造出层次感和序列感。香槟金的单色水波幔和边旗镶上蓝色的缀饰，与主布的蓝色相映衬，更能突出丰富的层次感。同时，小 V 造型的水波能造成收缩的错视感，适用于紧凑的空间。

◎ 橙红色制造热情活力

橙红色犹如热情的火苗在空间跳跃，色彩浓郁、光泽亮丽的面料赋予空间激情和活力。窗幔的设计采用双层平幔叠加，橙红色单色布将流畅的曲线展现出来，而五片白底红花的吊旗叠加，让曲线更为丰富有层次。吊旗的选料十分考究，并且采用题材一致而形态各异的玫瑰花进行排序，这正是设计的细节所在。

◎ 单色绒布窗帘的正式感

家具的彩绘图案与地毯、饰品、装饰画等展现的花卉图案使得整个空间显得缤纷多彩，此刻，一款面料挺括、剪裁简洁、色彩素净的窗帘能让热烈的场景瞬间安静下来。厚重的单色绒布给人以正式的感觉，利落的几何形窗幔剪裁有着一种庄重的仪式感，加上排须花边的镶嵌和五个几何图形的塑造，让人感觉典雅而又不死板。

◎ 繁复的典雅和华丽

雪尼尔提花面料的特点是厚重、立体感强，在色调深沉的新古典风格空间里采用这一面料，更能塑造出古典庄重的空间效果。窗幔的设计别出心裁，平幔的剪裁具有庄重的仪式感，水波由内而外穿插入平幔当中，而平幔又严实地包裹着边旗，制造出一种繁复的典雅与华丽。

◎ 罗曼蒂克格调

柔媚的淡粉色和轻盈的蕾丝花边充满着纤盈的女性气息，帘体采用双层薄纱叠加的方式，底层轻盈的粉纱覆上一层清透的白纱面层，使得粉色若隐若现，更为唯美曼妙。窗纱采用皱褶流畅自然的气球帘，加上层叠的蕾丝窗幔，犹如少女的裙摆，让整个空间呈现出浪漫温婉的格调。

◎ 粗犷不失隆重的美式窗帘

美式窗帘的特点是面料厚重，款式大气，褶皱简单且挺括，又不失欧式窗帘的华丽感。此款窗帘采用了厚重的面料，帘体和水波幔的褶皱少而挺括，长流苏花边的镶嵌使得整体感觉既粗犷又不失隆重，边旗的比例占据总帘体的三分之二长，更是增添了几分凌人的气势。重点是边旗 AB 面的设计细节，反面呈现的红色格子面料与正面米色面料形成两条锯齿，层次更为丰富，并与两色幔头遥相呼应。

◎ 窗帘成为空间点睛之笔

在简洁的室内空间中，一套纹样及色彩丰富、设计剪裁考究的窗帘可以瞬间提升空间的吸引力。牡丹纹样打破了平庸的整体氛围，成为空间的点睛之笔，采用 AB 版的牡丹纹样面料进行角色的反串互换，使得纹样既有差异感又保留着统一性。平整的罗马帘、褶皱规整的平开帘以及平铺的窗幔剪裁都呈现出来简洁利落的气质，不多一分累赘，与整体环境达成一致的同时又通过色彩的穿插和纹样的反串显得丰富饱满。

◎ 抽拉窗幔的设计

欧式风格的窗帘以雍容华贵为特征，当窗户的宽度不足以展开多个水波幔时，抽拉窗幔的设计是最好的选择，既有跌宕起伏的曲线，又有丰富饱满的皱褶，再加上经典的莨苕叶纹样的运用，将窗幔塑造得奢华而隆重。刻意将帘身设计得简洁轻巧，以突出窗幔的厚重华丽，有如宫廷华盖般具有仪仗感。

◎ 纹样迥异的同色系抱枕

沙发抱枕的定色源自于装饰画的色彩，可以和整体空间形成色彩的统一。细数沙发上的 8 个靠包，每个抱枕都纹样迥异，正是这种丰富的纹样差异突破了因统一色彩而造成的平庸和乏味，让整体感觉和谐统一又富于变化，显得趣味十足。

◎ 蓝白色抱枕的点睛作用

蓝色是处理明暗关系最为突出的色彩，在光线充足的空间里，通过地毯和装饰画的蓝色赋予素白的场景以色彩的灵魂，而沙发上点缀的抱枕将成为灵魂的精髓。点缀物一定是个性突出的、有包容性的、集所有装饰元素于一身的。比如从装饰画上提炼的格子元素、从地毯上提炼的晕染元素，让两个抱枕对于整体空间而言有了内在的延续，而又通过明度、纯度的变化创造出它自身的独特魅力，成为空间的点睛之笔。

◎ 黑金两色的床品富丽而庄重

这套床品的设计颇有英国奇彭代尔风格的影子，在古典欧式风格奢华夸张的形式下融入了些许东方的韵味。黑金两色的运用源自于中国髹漆家具的色彩灵感，显得富丽而庄重。而形式上遵循欧式古典风格的奢华浮夸，繁复的流苏和荷叶边使得床品更为饱满隆重。靠枕、抱枕、枕头、腰枕以及装饰枕等分别采用了不同的设计手法，拼布、镶嵌、拉扣、皱褶等工艺的并现让整套床品显得层次十分丰富并富于变化。

◎ 简约雅致的无彩色系床品

简约风格的床品以素净的色彩、少而精的配套以及简洁的形式为特点。白加灰的无彩色搭配给人以简约雅致的感觉，床品的配套简练精致，素白的被套与中灰的床裙形成体量和色彩的对比，素白的枕头与中灰的靠枕形成体量和色彩的对比，无过多的制作工艺和繁复的装饰，整体给人以干净、利落、高雅的感觉。

◎ 浅绿松石色床品给人以自然清新感

浅绿松石色给人以清新的感觉，加上植物花卉图案更让人心情放松。但是大体量的运用又过于繁复累赘，而一款糅合了主面料的浅绿松石色、土黄色、米白色的条纹面料很好地解决了这一问题。结合简洁的白底花藤面料、规整的菱形面料相互贯穿，共同打造了这款清新雅致又富有生活气息的床品。

◎ 花卉图案的床品让人联想到阳光与自然

花卉是床品设计的一个惯用题材，缤纷的花朵往往带给人以愉悦和轻松的心情。被套采用了皱折的工艺进行制作，看起来更为蓬松柔软。以从主面料提取出来的珊瑚粉、香草黄两款单色面料进行镶边和拼接，让缤纷绚烂的花朵有节制地展开，创造了丰富的层次感和趣味性。清晨、午后、阳光里、花丛中，让人有种慵懒入眠的惬意。

◎ 蓝色床品凸显理性气质

蓝色能给人以冷静、理智的心理暗示，四方连续图案让人感觉严谨、规整。采用这一款面料作为床品的主体，表达出不骄不躁、不愠不火的有节制的生活态度。大量运用棉麻的本白色与蓝色进行搭配，整套床品的设计没有多余的工艺与装饰，整体感觉干净利落、简洁自然。

◎ 斑驳色彩的地毯营造自然氛围

地毯的灵感来源于原石打造的背景墙，杂色混纺让图案的边界模糊渗透，有一股不修边幅的随性。源自于风化岩石呈现出来的斑驳色彩，深浅交替，以及岩石上青苔呈现的蓝绿色，给人一种饱经风霜雨露洗礼的沧桑感，与原石、原木、粗棉麻等整体室内环境形成一致的格调，营造自然随性的乡村生活氛围。

DECORATION BOOK

第六章
软装摆件布置
ORNAMENTS

○○○ 第一节

花器与花艺布置

Ornaments

花艺作为软装设计的一部分，仅在空间中扮演一个小小的角色，戏份虽少，却能点亮整个居住环境，还能为空间赋予勃勃生机。

不管什么类型的花艺，在做造型设计时，花器是必不可少的。花器的摆放应讲究与周围环境的协调融合，其质感、色彩的变化对室内整体的环境起着重要的作用。单只花器常给人以极简利落的感觉，但体积较小的花器可能会被忽略，因此在合适的空间可以摆放体量不一的数个花器，但要注意高低的起伏与韵律的变化。

一、常见花器材质

花器的材质种类很多，常见的有陶瓷、金属、玻璃、木质等。在布置花艺时，要根据不同的场合、不同的设计目的和用途来选择合适的花器。

1. 陶瓷花器

陶瓷最开始只是一种用来放东西的器具，后来在宋代的时候成为了艺术品。陶瓷艺术品，特别是陶瓷花器，会使空间显得大气唯美。如今的陶瓷花器不再局限于传统意义上的艺术陶瓷，而是根据自身花纹和形态大小的多样化，已经没有固定的场景设置，软装设计师只要掌握整体协调，根据使用者的年龄和习惯选择搭配，通常适用于大多数空间。

陶瓷花器可分成朴素与华丽两种截然不同的风格，朴素的花器是指单色或未上釉的类型；华丽则是指花器本身釉彩较多，花样、色泽都较为丰富的类型。

2. 金属花器

金属材质给人的印象是棱角分明、冷冷的色调，酷感十足，可能有很多人会联想到浓浓的工业气息。其实，恰恰相反的是工业风格的软装配饰需要一些生活的柔情细节，如果连花器都用金属，难免会给人单调感，缺乏生活气息。所以，对于金属材质的花器需要搭配暖色系的花和背景，刚中带柔，体现一种别样的生机。

金属花器的可塑性非常出色，不论是纯金属或以不同比例镕铸的合成金属，只要加上镀金、雾面或磨光处理，以及各种色彩的搭配，就能呈现出各种不同的效果，其丰富性、多元性、适用性与创造性，是所有花器中最为突出的。

3. 玻璃花器

玻璃花器可依材质本身的透明度与成分，分为不透明、颜色鲜艳的料器，或半透明、具玻璃光泽的琉璃，完全透明的玻璃，以及加入 10% 以上氧化铅成分的水晶玻璃等。

玻璃花器可以单独存在，也可以成体系整套组合。一组玻璃花器最起码要保持材质、颜色和风格的统一搭配，根据不同的空间调整各个形态玻璃器皿的摆放位置，需要记住的一点是，即使是自己组合，也要保持花器与空间的“三角定律”。

4. 木质花器

木质花器在历史上由来已久，它的质地温和，不同于陶瓷花器的古韵、金属花器的冷峻、玻璃花器的现代简约，木质花器的匠心天成，经大自然的初次创作，再经过木工艺人的二次创作，打造出了独特的味道。对于做工精细的木制花器，在不同的空间还会有一丝中式的禅意和日式的恬静。

二、不同空间花器选择

如果花器是作为搭配居室的配饰或者是为了衬托空间美感，那么就要选择与整体风格比较相近或者是可以充分融合到空间的类型。如果它只是充当软装元素，选择的空间就会非常大，大可选择完全相反的色调，让它成为亮点。

选择花器的第一步要考虑它摆设的环境，花器摆设需要与家居环境相吻合，才能营造出生机勃勃的氛围。如果客厅比较小，就不能选体积太大的花器，避免产生拥挤压抑的感觉。可在适当的位置摆放体积玲珑的花器，正好起到点缀、强化的装饰效果。面积大的客厅可以选择体积较大的花器，如半人高的落地花器，或者配置彩色绘制的玻璃花瓶。书房是阅读的地方，应选择款式典雅的花器，材质不要过于抢眼，以免分散注意力。卧室是休息睡眠的地方，应选择让人感觉质地温馨的花器，如陶质花器就比较合适。注意，卧室中的花器体积不宜过大，小巧的瓶身更适合营造良好的睡眠环境。

▲ 落地花器通常适用于面积较大的客厅空间

▲ 色彩纯度和明度很高的花器常用来作为室内空间的点睛之笔

三、花器风格选择

花器是重要的软装配饰之一，与花艺搭配使用，不仅能呈现出时尚个性，也是居家艺术感的良好体现。花器要根据空间的装饰风格来选择，或简单朴素，或雅致文艺，或优雅大方，这样才能呈现出不同的居家风情。

1. 北欧风格花器

北欧家居深受文艺青年的喜爱，北欧风格的花器基本上不是玻璃就是陶瓷材质，偶尔会出现金属材质或者木质的花器。花器的造型基本呈几何形，如立方体、圆柱体、倒圆锥体或者不规则体，几乎看不到传统花器的影子。

▲ 北欧风格花器常用玻璃材质

2. 现代风格花器

在现代风格中，花器的角色已由原来花卉的配角转化成现在可以独立展示自己的主角，所以很多时候，花器也成为一件精美的现代艺术品摆放在房间的重要部位。现代风格空间建议考虑线条简洁、颜色相对纯粹与透明、造型带有一些奇异感的花瓶。花器的材质包括玻璃、金属和陶瓷等。

▲ 现代风格花器的外形具有优美的曲线

3. 美式风格花器

美式风格花器常以陶瓷材质为主，工艺大多是冰裂釉和釉下彩，通过浮雕花、黑白建筑图案等，将美式复古气息刻画得更加深刻。此外，做旧的铁艺花器，则可以给家居增添艺术气息和怀旧情怀；晶莹的玻璃花器以及藤制花器，在美式乡村空间中也能相得益彰。

▲ 美式风格花器表面常采用做旧工艺

4. 工业风格花器

复古的工业风时尚又神秘，是追求个性与自由的年轻人的最爱。工业风格花器经常利用化学试瓶、化学试管、陶瓷罐或者玻璃瓶，因为偏爱宽叶植物，树形通常比较高大，与之搭配的是金属材质的圆形或长方柱形的花器。

▲ 烟灰色铁皮花器给人一种复古怀旧的美感

5. 欧式风格花器

欧式风格带有明显的奢华与文化气质，大多采用繁复的壁饰、地毯、摆件等来装饰家居空间。

针对此类设计风格，可以考虑选择带有复古欧洲时期气息的花器，如复古双耳花瓶、复古单把花瓶、高脚杯花器等。

▲ 欧式双耳花瓶呈现出华丽贵族气质

6. 中式风格花器

中式的家居风格一直以来都给人沉静典雅的直观感受，即使在喧嚣的环境中也可以让人慢慢归于平静。中式风格中的花器选择要符合东方审美，一般多用造型简洁、中式元素和现代工艺结合的花器。除了青花瓷、彩绘陶瓷花器之外，粗陶花器也是对于中式最好地表达，粗粝中带着细致，以粗之名其实是更好地强调了回归本源的特性。

▲ 中式粗陶花器表现出淡淡禅意

四、花器形状与花艺设计

花器的形状在软装花艺设计中是很重要的，关乎整体气氛的营造。有时候，漂亮的花艺插在同样漂亮的花器里，却给人带来很别扭的视觉感受，这是因为瓶形与花艺之间的搭配出现了问题。不同形状的花器搭配合适的花艺才能起到赏心悦目的装饰效果。

圆长柱形花器

瓶形相互呼应。花艺的数量则以瓶口大小而定，最好高出瓶口一段较大距离。

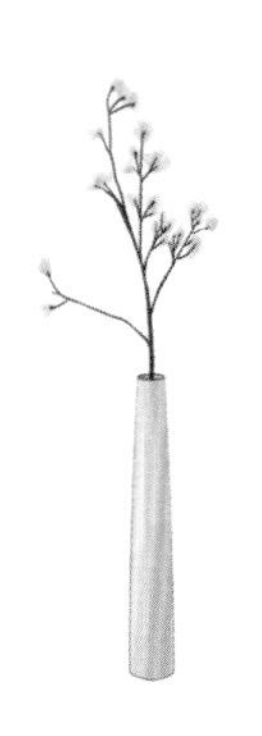

长方形花器

这类花器线条简约，适合花形简洁的花艺，首选郁金香。同样简洁的造型，可以组合出一分清新和大气。

波浪形花器

这类花器瓶身造型独特，可配合一或两枝花头撑开的花艺，如小向日葵花。而且此类花器有多种颜色可以选择，可以将多个同类花瓶进行组合，并排而列，装饰效果更佳。

大肚子花器

这类花器瓶身大，瓶口小，本身的装饰性就很强，适合表现禅意氛围。因此，在花艺的选择上不宜过于跳跃，颜色也无需艳丽，数量以一至两枝为宜。

阔身圆形花器

这类花器适合花形比较大的绣花球，让花朵和花器构成正比，实现平衡的和谐之美。

喇叭形花器

这类花器瓶口撑开，可插上一束百合花，再用卵石固定花枝。这样两端都呈开放的姿态，达成首尾呼应的效果。

五、东西方花艺特点

花艺一般可以分为东方风格与西方风格。东方风格花艺以中国、日本为例，崇尚自然，朴实秀雅，寓意深刻。西方风格花艺以欧美为例，注重色彩，突出表现人工艺术美与图案美。两者的形式之所以有着明显的区别和特色，是各民族所具有的特性决定的。

1. 西方风格花艺

西方风格花艺强调装饰的丰茂，用花数量多，有繁盛之感；形式以几何造型为主，追求群体的表现力，与西方建筑艺术有相似之处；构图上多采用对称均衡的手法，有圆形、半圆形、等腰三角形、火炬形、月形、S 形等，亦有将花插成高低不一的不规则形状；花艺色彩力求丰富艳丽，着意渲染浓郁的气氛，具有豪华富贵之气，常使用多种花材进行色块的组合。

2. 东方风格花艺

东方风格花艺注重意境和内涵思想的表达。用花数量上不求多，一般只需要插几枝便能起到画龙点睛的作用，多用青枝绿叶勾线衬托；形式追求线条、构图的完美变化，着重自然姿态美；色彩以清淡、素雅、单纯为主，提倡轻描淡写，一般只用 2~3 种花色，较多运用对比色，特别是利用花器的色调来反衬，同时也采用枝叶的衬托。

六、花艺色彩搭配

每个花艺作品中的色彩不宜过多，一般以 1~3 种花色搭配为宜。选用多色花材搭配时，一定要有主次之分，确定一个主色调，切忌各色平均使用。除特殊需要外，一般花色搭配不宜用对比强烈的颜色。例如红、黄、蓝三色相配在一起，虽然很鲜艳、明亮，但容易刺眼，应当穿插一些复色花材或绿叶缓冲。如果不同花色相邻，应互有穿插呼应，以免显得孤立和生硬。

▲ 同相型色彩搭配的花艺给人以协调的美感

▲ 花艺的色彩要与室内其他大面积软装配饰形成呼应

▲ 多色花艺搭配时一定要注重主次之分，切忌平均分配

七、花艺风格选择

花艺代表着美与生命力，装饰作用之外能给人带来愉悦之感。这些不俗又具有独特美感的花艺，分别适用于不同装饰风格的室内环境。不同颜色、不同造型的花艺在装点空间时会呈现不同的气质。

1. 新中式风格花艺

新中式风格以传统文化内涵为设计基础，去除繁复雕刻，主张“天人合一”的精神。花艺和花器的选择以雅致、朴实、简单、温润为原则，烘托出整个空间的自然意境。数量上忌多，一般一两处点缀即可。

新中式风格花艺设计注重意境，追求绘画式的构图虚幻、线条飘逸，以花喻事、拟人、抒情、言志、谈趣。一般搭配其他中式传统韵味配饰居多，如茶器、文房用具等。花材的选择以“尊重自然、利用自然、融入自然”的自然观为基础，植物选择以枝干修长、叶片飘逸、花小色淡、寓意美好的种类为主，如松、竹、梅、菊花、柳枝、牡丹、玉兰，迎春、菖蒲、鸢尾等。

▲ 新中式风格花艺在摆场时较多搭配带有传统韵味的配饰

▲ 新中式风格花艺的特点是杆枝修长，姿态优美

2. 法式风格花艺

法式风格中，家具和布艺多以高贵典雅的淡色为主，强调材质的纹理感和做工的精致。花艺的选择上也主要配合主题，多以清新浪漫的蓝色或者绿色调为主。铜拉丝质感的花器在法式风格中很常见，给人浪漫精的致感官体验。

▲ 法式风格花艺体现清新浪漫的特点

3. 欧式风格花艺

欧式花艺以几何美学为基础，讲究平稳、端庄的对称美，有明确的贯穿轴线与对称关系。欧式风格中空间比较大的区域，一般用大堆头型花艺作为装饰，起到分割空间作用，花量大，形态饱满，隆重而且端庄，主要体现装饰性。

▲ 欧式风格花艺色彩丰富，重点体现装饰性

4. 现代简约风格花艺

在现代简约家居中很少见到繁琐的装饰，简洁大方、实用明快是其标准，体现了极简主义的生活哲学。在花艺的搭配上也要遵循风格的特点，一般选择造型简洁、体量较小的花艺作为点缀。简约风格家居的花艺不能过多，一个空间最多两处，颜色要与空间装饰画中的亮色作为呼应。花艺造型多以几何形出现，花材选择广泛，花器尽量以单一色系或简洁线条为主，自然美和人工美和谐统一。

▲ 简约风格花艺体现简洁大方的特点

5. 日式风格花艺搭配

日式家居风格一直受日本和式建筑影响，强调自然主义，重视居住的实用功能。花艺的点缀也同样不追求华丽名贵，表现出纯洁和简朴的气质，多以自然色系为主，常用草绿色、琥珀色等玻璃花器搭配造型简单的干花。

▲ 日式风格花艺造型力求简洁，与新中式风格花艺有相似之处

6. 乡村风格花艺

乡村风格在美学上崇尚自然美感，凸显朴实风味，用来缓解现代都市生活带给人们的压抑感，花艺和花器的选择也遵循“自然朴素”的原则。花器不要选择形态过于复杂和精致的造型，花材也多以小雏菊、薰衣草等小型花为主，不需要造型，随意插摆即可。

乡村风格家居可以在一个空间中摆放多个花艺，或者组合出现，营造出随意自然的氛围。

▲ 乡村风格花艺营造出随意自然的氛围

八、不同空间的花艺布置

花艺作为软装配饰的一种，不但可以丰富装饰效果，同时作为空间情调的调节剂也是一种不错的选择。有的花艺代表高贵，有的花艺代表热情，利用好不同的花艺就能创造出不同的空间情调。在居住空间中搭配花艺虽然看似简单，但其实也是一门值得探究的软装艺术。居家花艺讲究的是空间构成，一件花艺作品在比例、色彩、风格、质感上都需要与其所处的环境融为一体。

1. 玄关花艺布置

玄关的花艺一方面主要起到迎宾的作用，另一方面要展现出主人的品位，所以颜色不宜太素，偏暖色的花艺可以让人一进门就心情愉悦。另外，还要考虑光线的强弱。如果光线较暗，则要选择鲜艳亮丽、色彩饱和度高的花艺，营造一种喜庆的氛围。

▲ 玄关处摆设颜色艳丽的花艺，让人进门就有好心情

2. 客厅花艺布置

客厅作为会客、家庭团聚的场所，适宜摆设色彩淡雅、枝干挺直的花艺，因为空间相对开阔，所以应注意多种形式的组合使用。为了让到访者有宾至如归的感觉，花艺应摆放在视线较明显的区域。同时，花艺要与室内窗帘布艺等元素相互呼应，让客人一进入空间便马上被吸引。

客厅壁炉上方是花器摆放的绝佳地点，成组的摆放应注意高低的起伏，错落有致。但不要在所有花器中都插上鲜花，零星的点缀效果更佳。此外，在茶几上摆放一簇花艺，可以给空间带来勃勃生机，但在布置时要遵循构图原则，切忌随意散乱放置。

▲ 客厅茶几上摆设花艺应遵循构图原则

▲ 客厅壁炉的台面上摆设花艺与其他摆件组合搭配，可以起到很好的点缀作用

3. 餐厅花艺布置

餐厅的花艺通常摆设在餐桌上，数量不宜过多，大小不要超过桌子三分之一的面积，也不宜过高，以免挡住对面人交流的视线，高度在 25~30cm 之间比较合适。如果空间很高，可采用细高型花器。一般水平型花艺适合长条形餐桌，圆球形花艺用于圆桌。餐厅花艺的选择要与整体风格和色调相一致，选择橘色、黄色的花艺会起到增进食欲的效果。若选择蔬菜、水果材料的创意花艺，既与环境相协调，还别具情趣。

在餐桌不使用的时候，上方的花器往往起到很好的装饰效果。圆形餐桌可以将花器摆在桌面正中央的位置。方形餐桌除了正中之外，偏向黄金分割点的地方也是不错的选择。此外，还应注意桌、椅的大小、颜色、质感以及桌巾、口布、餐具之间的整体搭配。

▲ 欧式古典风格餐厅中，对称摆设花艺可以烘托庄重高雅的氛围

▲ 圆球形花艺适用于圆桌，可摆设在餐桌中央的位置

4. 卧室花艺布置

卧室需要宁静的氛围，摆放的花艺应该让人感觉身心愉悦，花艺数量不宜过多，最好选择没有香味的花材。卧室花艺避免鲜艳的红色、橘色等让人兴奋的颜色，应当选择色调纯洁、质感温馨的浅色系花艺，与玻璃花瓶组合则清新浪漫，与陶瓷花瓶搭配则安静脱俗。也可以选择粉色和红色的花卉与百合花搭配，营造出一种典雅的氛围。

卧室花材的选择还应根据不同的使用者而定。老人房应以色彩淡雅的花艺为主，年轻人则可以尝试色彩较艳丽的花艺。不过，淡色的花束由于象征着心无杂念、纯洁永恒的爱情，也特别受年轻一代的欢迎。

▲ 卧室床尾一侧的角落摆设落地花艺，并且与挂画内容形成趣味呼应

▲ 卧室床头柜上适合摆设浅色系花艺搭配玻璃花瓶的组合

5. 书房花艺布置

书房是家中学习和工作的场所，需要营造幽雅清静的环境气氛，宜陈设花枝清疏、小巧玲珑又不占空间的小型花艺。摆在书桌上的花艺宜用野趣式或微型花艺、花艺小品等。书架上面可摆设下垂型花艺，还可利用壁挂式花艺装饰空间。

即便不插花，花器本身也能用来装点书房，不过要根据房间大小进行选择。如果书房较狭窄，就不宜选体积过大的类型，以免产生拥挤压抑的感觉。在布置时，宜采用“点状装饰法”，即在适当的地方摆置精致小巧的花器，起到点缀、强化的装饰效果。而面积较宽阔的书房则可选择体积较大的类型，如半人高的落地陶瓷花器等。

▲ 书房适合摆设小巧玲珑、不占空间的花艺小品

6. 过道花艺布置

狭长的过道可以运用“添景”的手法，结合硬装的色调和环境，在过道的拐角或尽端摆放细长的花器，插上长枝的植物。由于过道空间一般都比较窄小，最好选用简洁、整齐、颜色活泼的花艺，体积不宜过大，以瘦高型花艺为宜。这样既节省了空间，又可以营造出轻松欢快的氛围。

▲ 狭长型过道的尽头常采用落地花艺作为端景造型

7. 厨房花艺布置

厨房是整个家中最具功能性的空间，花艺装饰可改变厨房单调乏味的形象，使人减缓疲劳，以轻松的心情进行烹饪工作。厨房中的花器尽量选择表面容易清洁的材质，花艺尽量以清新的浅色为主。设计时，可选用水果蔬菜等食材搭配，这样既能与窗外景色保持一致，又保留了原本花材质感的淳朴。

厨房摆放的花艺要远离灶台、抽油烟机等位置，以免受到温度过高的影响，同时还要注意及时通风，给花艺一个空气质量良好的空间。

▲ 厨房选择仿真花艺同样是一个不错的选择，给烹饪带来好心情的同时，也避免花艺受到油烟的影响

▲ 厨房中摆设花艺以远离灶台、靠近窗户的位置为最佳

8. 卫浴间花艺布置

卫浴间布置以整洁安静的格调为主，宜搭配造型玲珑雅致、颜色清新的花艺，在宽大镜子的映衬下，能让人精神愉悦，更能增加清爽洁净的感觉。卫浴间多用白色瓷砖铺装墙面，同时空间狭小，装饰不求量多，所以宜选择适应性强的花材做成体态玲珑的花艺造型装饰窗台、墙面、台面等位置。由于卫浴间墙面空间比较大，可以在墙上插一些壁挂式花艺，以点缀美化空间。通常，清新的白绿色、蓝绿色是卫浴间花艺的很好选择。

▲ 卫浴间适合选择白绿色花艺，给空间带来清新自然的气息

▲ 盥洗台的一侧是卫浴间摆设花艺的合适位置

○○○ 第二节

餐桌布置

Ornaments

餐桌也是一个彰显艺术的地方。把餐具、烛台、花艺、餐垫、桌旗、餐巾环等摆饰组合在一起，可以布置出不同寻常的餐桌艺术，不仅能给人带来无限创意，还可以创造出一种不可思议的就餐氛围。

一、餐桌布置重点

对于日常的餐桌，如果没有时间去精心布置，一块美丽的桌布就能立刻改观用餐环境。如果不愿意让桌布遮盖住桌面本身漂亮的木纹，餐垫则必不可少，既能隔热，又体现了扮靓餐桌的用心。风格统一的成套系的餐具是美化餐桌的重点，材质与风格应与空间其他器具保持一致，色彩则需呼应用餐环境和光线条件。比如，深色桌面搭配浅色餐具，而浅色桌面可以搭配多彩的餐具。

节日、假日和特殊的宴请则需要更用心地布置餐桌，既可以愉悦家人，又对客人体现了尊重和重视。节日的餐桌布置，首先需要在餐桌上放置鲜花，可以是一个大的花束，也可以是随意的瓶插。蜡烛是晚间用餐时间的亮点，如果需要的话，精致的名牌、卡片等可以给客人带去额外的小惊喜。

餐桌布置不能一成不变，随着季节转换和重要节日的来临，应景的变化是必要的。最简单的是至少应该准备两块桌布，分别适合春夏和秋冬季节。另外，节日往往有特定的习俗和装饰要素，例如圣诞节有红绿色彩搭配、松果图案等经典的元素；春节有传统特色的大红色、剪纸、灯笼等元素；还有情人节的粉色和心形图案以及儿童节的卡通玩偶造型等。将这些应景的装饰元素有选择地应用于餐桌布置，节日气氛立刻被烘托出来。

▲ 红绿色搭配的餐桌布置最适合烘托圣诞气氛

▲ 餐垫不仅可以隔热，而且能丰富餐桌上的装饰细节

▲ 节日餐桌布置中，鲜花是营造氛围必不可少的元素

常见餐盘摆设

1. 正式餐桌餐具摆放方法

盘子

先放最大的托盘，然后放主菜托盘，开胃菜托盘放在最上面，盛放面包黄油的托盘要放在左上方 10 点钟方向，黄油抹刀稍倾斜地放在盘子上。

有脚器皿

有脚器皿均要放在右边 1 点钟方向位置，白葡萄酒杯或红葡萄酒杯或者两个摆在这里，靠近盘子，然后再在上面靠左的位置摆放一个盛放白水的杯子。

扁平餐具

扁平餐具如刀、叉等要最后摆放；晚餐餐刀需放在晚餐盘子右侧，餐勺放在餐刀右侧，之后若需要水果勺则放在餐勺右侧；然后将晚餐餐叉放在盘子左边，接着将沙拉餐叉放在餐叉左边，吃鱼的小叉子则再往左边摆放；甜点叉和咖啡勺可以放在盘子正上方 12 点方向。

餐巾

餐巾一般应该垫在盘子下面，但把它们垫在叉子底下也可以，或者直接用一张大餐桌布代替。

▲ 正式餐桌的餐具摆放方法

2. 非正式餐桌餐具摆放方法

盘子

一个主菜托盘对于非正式的餐桌摆放一般就足够了。若第一道菜是汤或沙拉，只需再在主菜托盘上加一个小一点的盘子就可以了。盘子的图案可以是有趣的或者漂亮的，没有特殊要求。

有脚器皿

有脚餐具放在右侧 1 点钟方向，红酒杯、白葡萄酒杯或啤酒杯放在这里，白水杯则放在上面稍微靠左的位置上。

扁平餐具

晚餐餐刀同样要放在盘子右边，然后再在右边放一把餐勺。餐叉放在盘子左侧，若准备了开胃菜，需要使用的餐具也一同准备好。

餐巾

餐巾的摆放可以随意安排，放在盘子下面或者平铺在桌子边缘均可，这一点在非正式餐桌摆放上没有硬性要求。

▲ 非正式餐桌的餐具摆放方法

二、餐桌布置的风格

餐桌布置是软装布置中一个重要的单项，它便于实施且富有变化，是家居风格和品质生活的日常体现。不同的软装风格对于餐桌布置的要求各不相同。

1. 港式风格餐桌布置

港式风格的餐桌布置最大的特点是餐具的选择。因为港式家居中的材料和造型等大多精良，因此餐桌上常常选择那些精致的陶瓷餐具搭配桌布，点缀色常用深紫、深红等纯度低的颜色，这样才不会失去应有的高贵感。

▲ 港式风格餐桌布置往往体现出一种精致感

2. 中式风格餐桌布置

中式风格追求的是清雅含蓄与端庄，在餐具的选择上大气内敛，不能过于浮夸，在餐扣或餐垫上体现一些带有中式韵味的吉祥纹样，以传达中国传统美学精神。一些质感厚重粗糙的餐具，可能会使就餐意境变得大不一样，古朴而自然，清新而稳重。此外，中式餐桌上常用带流苏的玉佩作为餐盘布置的元素。

▲ 中式风格餐桌布置表现出古朴自然的禅韵

▲ 常用带流苏的玉佩作为中式风格餐桌布置的元素

3. 美式风格餐桌布置

美式风格的特点是自由舒适，没有过多的矫揉造作，讲究氛围的休闲和随意。因此，餐桌可以布置得内容丰富，种类繁多。烛台、风油灯、小绿植还有散落的小松果都可以作为点缀。餐具的选择上也没有严格要求一定是成套的，可以随意搭配，给人感觉温馨而又放松，食欲倍增。

▲ 美式风格餐桌布置注重休闲和随意的氛围

4. 现代风格餐桌布置

现代风格以简洁、实用、大气为主，对装饰材料和色彩的质感要求较高。餐桌上的装饰物可选用金属材质，且线条要简约流畅，可以有力地体现这一风格。现代风格餐具的材质包括玻璃、陶瓷和不锈钢，造型简洁，基本以单色为主。一般餐桌上餐具的色彩不会超过三种，常见黑白组合或者黑白红组合。有时会将餐具色彩与厨房或者冰箱色彩一起考虑。

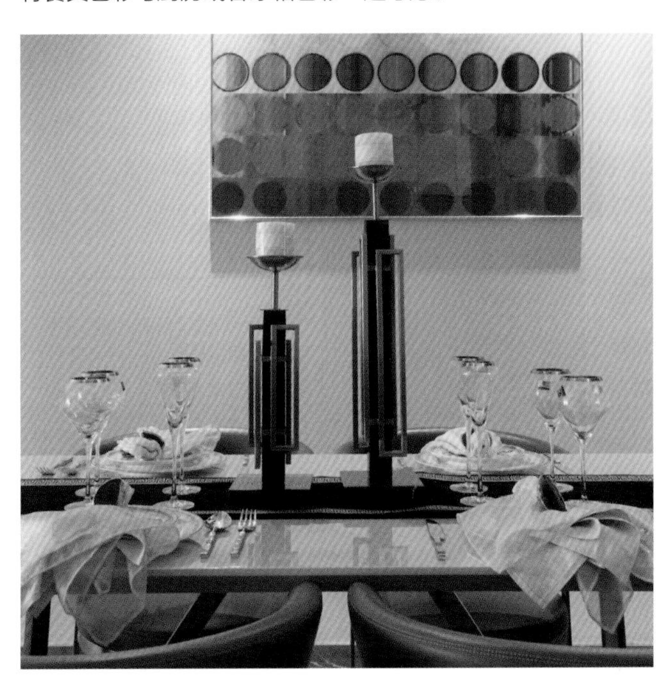

▲ 现代风格餐桌布置可搭配带有金属材质的烛台

5. 东南亚风格餐桌布置

东南亚风格因其自然之美和浓郁的民族特色而著称，常应用藤编和木雕家居饰品，可以体现原始自然的淳朴之风，因此，餐桌布置也依然秉承这一原则。此外，在餐桌上可以适当添加一些色彩艳丽的装饰物，色彩形成反差，又有愉悦心情、增加食欲的作用。

▲ 东南亚风格餐桌布置中常用藤制或竹编餐垫

6. 法式风格餐桌布置

典雅与浪漫是法式风格软装一贯秉承的风格，因此餐具在选择上以颜色清新、淡雅为佳。印花要精细考究，最好搭配同色系的餐巾，颜色不宜出挑繁杂。银质装饰物可以作为餐桌上的搭配，如花器、烛台和餐巾扣等，但体积不能过大，宜小巧精致。

▲ 法式风格餐桌布置中经常出现精美印花与银质装饰物

7. 北欧风格餐桌布置

北欧风格以简洁而著称，偏爱天然材料，原木色的餐桌、木质餐具的选择能够恰到好处地体现这一特点，使空间显得温暖与质朴。不需要过多华丽的装饰元素，几何图案的桌旗是北欧风格的不二选择。除了木材，还可以点缀以线条简洁、色彩柔和的玻璃器皿，以保留材料的原始质感为佳。

▲ 北欧风格餐桌布置中常伴有各种颜色的玻璃器皿

8. 工业风格餐桌布置

工业风格的餐桌布置通常没有桌巾或者桌巾，保持干净整洁的特点。餐桌中心往往会有一个醒目的中心饰物，例如装着几个干燥南瓜的木盒、小木箱中的绿色植物、几枝硕大的玻璃烛杯，或者是铁艺的分层果盘和采用镀锌铁皮制作的果盘托架等。工业风格的餐具以素雅的白色陶瓷为主，表面通常没有彩绘。

▲ 工业风格餐桌布置中常见的铁艺分层果盘

○○○ 第三节

工艺品摆件布置

Ornaments

家居空间中摆放上一些精致的工艺品摆件，不仅可以充分地展现出居住者的品位和格调，还可以提升空间的格调，但需要注意选择搭配的要点。通常，同一个空间中的软装工艺品摆件数量不宜过多，摆设时注意构图原则，避免在视觉上形成一些不协调的感觉。

一、常见工艺品摆件材质

工艺品摆件按照材质可分为木质工艺品摆件、陶瓷工艺品摆件、金属工艺品摆件、水晶工艺品摆件、树脂工艺品摆件等。

1. 木质工艺品摆件

木质工艺品摆件以木材为原材料加工而成，给人一种原始而自然的感觉。例如，原木色的木雕摆件总能给人带来清新自然的视觉感受；实木相框有着一种复古而且优雅的味道，经久耐用；根雕是中国传承的非物质文化遗产，摆放在家中宛如一件艺术收藏品。

▲ 原木色木雕摆件

▲ 实木相框

▲ 艺术根雕摆件

2. 陶瓷工艺品摆件

陶瓷工艺品摆件大多制作精美，即使是近现代的陶瓷工艺品也具有极高的艺术收藏价值。例如，陶瓷鼓凳既可以替代单椅的功能，也具有很好的装饰作用；将军罐、陶瓷台灯以及青花瓷摆件是中式风格软装中的重要组成部分；寓意吉祥的动物如貔貅、小鸟以及骏马等造型的陶瓷摆件是软装布置中的点睛之笔。

▲ 陶瓷鼓凳

▲ 陶瓷台灯

▲ 小鸟造型陶瓷摆件

3. 金属工艺品摆件

金属工艺品摆件是用金、银、铜、铁、锡、铝合金等材料或以金属为主要材料加工而成，风格和造型可以随意定制。例如，铁艺鸟笼可以很和谐地融入居室环境，既可以拿它做花器，也可以往里面装一些小摆件，还能把它作为吊灯的灯罩；组合型的金属烛台常用于欧式软装风格，可以增添家居生活情趣。在营造现代简约气氛的空间中，可选择实用与装饰兼具的金属座钟进行点缀。

▲ 铁艺鸟笼

▲ 金属烛台

▲ 金属座钟

4. 水晶工艺品摆件

水晶工艺品摆件的特点是玲珑剔透、造型多姿，如果再配合灯光的运用，会显得更加透明晶莹，大大增强室内感染力。把水晶烛台应用于新古典风格餐厅中，可为就餐增添精致浪漫的氛围；水晶地球仪适合摆设在书房，不经意间体现主人浓郁的文化底蕴； 色彩单一的卧室，有时可以利用水晶台灯营造气氛。

▲ 水晶烛台

▲ 水晶地球仪

▲ 水晶台灯

5. 树脂工艺品摆件

树脂可塑性好，可以任意被塑造成动物、人物、卡通等形象，几乎没有不能制作的造型，而且在价格上非常具有竞争优势。做旧工艺的麋鹿、小鸟、羚羊等动物造型摆件是美式风格中非常受欢迎的软装饰品之一，可给室内增加乡村自然的氛围；工业风格的家居或商业空间中经常摆设复古树脂留声机，富有时代的沧桑感；欧式古典风格的室内空间中，往往会出现天使造型的树脂摆件。

▲ 麋鹿树脂摆件

▲ 复古树脂留声机

▲ 天使造型树脂摆件

二、工艺品摆件风格选择

▲ 中式风格摆件常采用对称式的陈设手法

工艺品摆件的风格多样，但也不是随便选择的。如果想让室内空间看起来比较有整体性，在进行工艺品摆件的搭配时就要和室内风格进行融合，例如在简约风格空间中使用一些比较简洁精致的摆件，通常选择与室内风格相一致，而颜色又形成一些对比的工艺品摆件，搭配出来的效果会比较好。

1. 中式风格工艺品摆件

中式风格有着庄重雅致的东方精神，工艺品摆件的选择与摆设可以延续这种手法并凸显极具内涵的精巧感。在摆放位置上选择对称或并列，或者按大小摆放出层次感，以达到和谐统一的格调。中式家居中常常用到格栅来分割空间，装饰墙面，这些都是工艺品摆件浑然天成的背景，可在前面加一个与其格调相似的落地饰品，如花几或者落地花瓶，空间美感立竿见影。中式风格中注重视觉的留白，有时会在一些工艺品摆件上点缀一些亮色提亮空间色彩，比如传统的明黄、藏青、朱红色等，塑造典雅的传统氛围。

中式风格客厅内多采用对称式布局方式，在工艺品摆件和花器的选择上多以陶瓷制品为主。盆景、茶具也是不错的选择，既能体现出居住者高雅的品位，也更适合营造端庄融洽的气氛。但应注意，工艺品摆件摆放的位置不能遮挡人的正常视线。

新中式书房的软装陈设主要要考虑书桌及用品的摆放，以及书架中书籍和饰品的摆放问题。中式书桌上常用的工艺品摆件有不可或缺的文房四宝、笔架、镇纸、书挡和中式风格的台灯。

2. 美式风格工艺品摆件

美式乡村风格摒弃了奢华，并将不同的元素加以汇集融合，突出“回归自然”的设计理念，在设计与材料上的定义相对广泛，金属、藤条、瓷器、天然木质、麻织物等都能以质朴的方式互相融合，创造自然、简朴的格调。美式风格空间常用一些有历史感的元素，软装工艺品摆件上追求一些仿古艺术品，表达一种回归自然的乡村风情。例如地球仪、被翻卷边的古旧书籍、做旧工艺的实木相框、表面略显斑驳的陶瓷器皿、动物造型的金属或树脂雕像等。

▲ 美式风格摆件常用做旧工艺表现历史感

3. 工业风格工艺品摆件

工业风格的室内空间陈设无需过多的装饰和奢华的摆件，一切以回归为主线，越贴近自然和结构原始的状态，越能展现该风格的特点。搭配用色不宜艳丽，通常采用灰色调。

工业风格的摆场适合凌乱、随意、不对称，小件物品可选用跳跃的颜色点缀。常见的工艺品摆件包括旧电风扇或旧收音机、木质或铁皮制作的相框、放在托盘内的酒杯和酒壶、玻璃烛杯、老式汽车或者双翼飞机模型等。

▲ 工业风格摆件通常展现质朴自然且复古怀旧的氛围

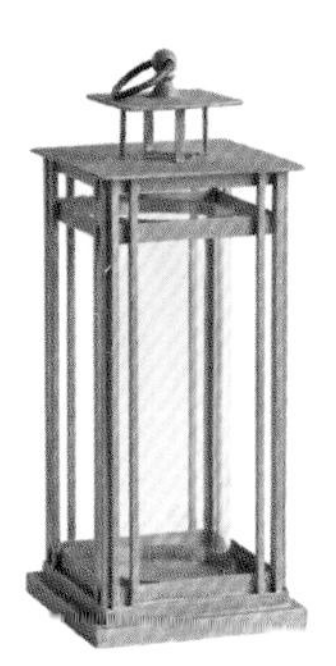

4. 现代风格工艺品摆件

现代风格简约实用，饰品数量不用过多，以个性前卫的造型、简约的线条和低调的色彩为宜。抽象人脸摆件、人物雕塑、简单的书籍组合、镜面的金属饰品是现代风格最常见的软装工艺品摆件。其他还有在局部出现的烛台或各种颜色的方边框相框，但均需严格控制数量，点到为止。

▲ 现代风格摆件具有造型前卫、线条简洁的特点

5. 法式风格工艺品摆件

法式风格端庄典雅，高贵华丽，工艺品摆件通常选择精美繁复、高贵奢华的镀金镀银器或描有繁复花纹的描金瓷器，大多带有复古的宫廷尊贵感，以符合整个空间典雅富丽的格调。此外，法式风格中通常用组合型的金属烛台搭配丰富的花艺，并以精美的油画作为背景，营造高贵典雅的氛围。

▲ 法式风格摆件大多带有复古的宫廷尊贵感

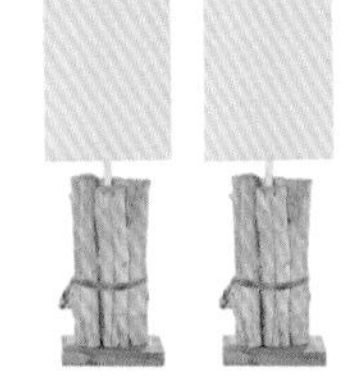

6. 东南亚风格工艺品摆件

东南亚风格的装饰无论是材质或颜色都崇尚朴实自然，饰品色彩大多采用原始材料的颜色，棕色系、咖啡色、白色是常用颜色，营造出古朴天然的空间氛围。

东南亚风格结合了东南亚民族岛屿特色与精致文化品位，静谧而雅致。棕色系、咖啡色、白色是常用颜色，营造出古朴天然的空间氛围。其软装饰品与其整体风格相似，自然淳朴，富有禅意。所以软装工艺品摆件多为带有当地文化特色的纯天然材质的手工艺品，并且大多采用原始材料的颜色。如粗陶摆件、藤或麻装饰盒、大象、莲花、棕榈等造型摆件，富有禅意，充满淡淡的温馨与自然气息。

▲ 东南亚风格摆件可给空间带来浓郁的热带风情

7. 北欧风格工艺品摆件

北欧风格简洁自然，由于装饰材料多质朴天然，空间主要使用柔和的中性色进行过渡，自然清新；饰品相对比较少，大多数时候以植物盆栽、蜡烛、玻璃瓶、线条清爽的雕塑进行装饰；室内几乎没有纹样图案装饰，北欧风格中那分简洁宁静的特质是空间精美的装饰。围绕蜡烛而设计的各种烛灯、烛杯、烛盘、烛托和烛台是北欧简约风格的一大特色，它们可以应用于任何房间，为北欧冰冷的冬季带来一丝温暖。

▲ 北欧风格摆件具有简洁宁静且清新自然的特质

▲ 新古典风格中的金属台灯

▲ 中式风格客厅中的将军罐

▲ 乡村风格客厅中的仿旧陶瓷摆件

三、不同空间的工艺品摆件布置

工艺品摆件由于其材质的多样性、造型的灵活性及无限的创意性，往往能为室内空间增姿添彩，是软装配饰中极为重要的组成部分，可以很好地彰显居住者的品位，但往往不同功能空间选择与布置工艺品的技巧也各不相同。

1. 客厅工艺品摆件布置

客厅是整间房子的中心，布置软装工艺品摆件必须有自己的独到之处，彰显出居住者的个性。现代简约风格客厅应尽量挑选一些造型简洁、色彩饱和度高的摆件；新古典风格的客厅可以选择烛台、金属台灯等。乡村风格客厅经常摆设仿古做旧的工艺饰品，如表面做旧的铁艺座钟、仿旧的陶瓷摆件等；新中式风格客厅中，鼓凳、将军罐、鸟笼以及一些实木摆件能增加空间的中式禅味。

▲ 现代简约风格客厅中高纯度饱和色的摆件

▲ 呈三角形构图的壁炉台面摆设方法

（1）壁炉工艺品摆件

壁炉是欧美风格中最常见的装饰元素，通常是整个客厅的重点装饰部分。它不仅对室内空间气氛的营造起着关键的作用，而且可以带给人温暖和亲密的感情。壁炉周围的大型装饰要尽量地简单，比如油画、镜子等要精而少。而壁炉上放置的花瓶、蜡烛以及小的相框等小物件则可适当地多而繁杂。

最基础的壁炉台面装饰方法是整个区域呈三角形，中间摆放最高最大的背景物件，如镜子、装饰画等，左右两侧摆放烛台、植物或其他符合整体风格的摆件来平衡视觉，底部中间摆放小的画框或照片，角落里可以点缀一些高度不一的小饰品。此外，壁炉旁边也可适当加些落地摆件，如果盘、花瓶，不生火时放置木柴等都能营造温暖的氛围。

▲ 客厅壁炉位置的摆件应和整体装饰风格相协调

（2）茶几工艺品摆件

如果茶几上摆满了物品，大大小小地随意堆放，那么看起来就会杂乱无章，毫无美感。所以，首先要保证每样东西摆放有序，分成几个大类摆放，这样就能找到整体平衡，让人视觉舒适。

但是当所有摆件都在同一个水平线时，是无法吸引眼球得到注意的。想要打造一个更加引人注目的茶几，不妨尝试一下改变桌上物品的高度。把高低不同的物品安插摆放，形成错落有致的感觉，从视觉上创造一个富有层次感的画面。

如果不知道怎样摆放茶几上的物品，可以尝试将几面分成三格，然后将摆件物品分成三类放在相应的位置上。这种布局可以迅速完成茶几摆设，形成简洁有序的整体美感，而且非常适合长方形的茶几。

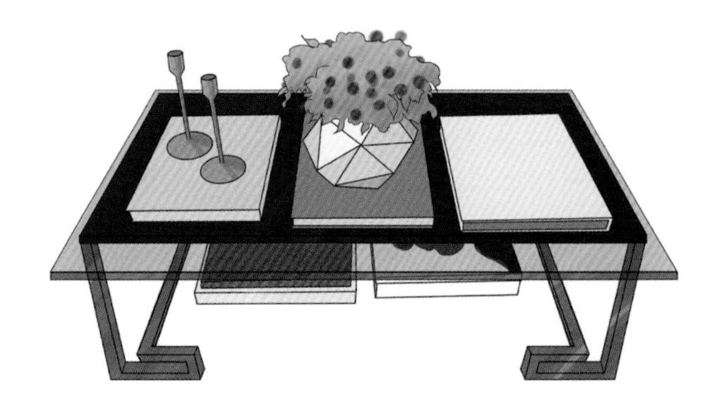

▲ 分成三格的茶几几面摆设方法

▲ 客厅茶几上错落有致的摆件可以创造出富有层次感的画面

（3）边几工艺品摆件

客厅中除了茶几之外，边几小巧灵活，其目的在于方便日常放置经常流动的小物件，如台灯、书籍、咖啡杯等，这些常用品可作为软装配饰的一部分，然后再配合增添一些小盆栽或精美工艺品，就能营造一个自然闲雅的小空间。边几的旁边如果还有空间，可增加一些落地摆件，以丰富角几区域的层次，而且起到平衡空间视觉的作用。

▲ 客厅边几上适合摆设台灯、相框等摆件

2. 卧室工艺品摆件布置

卧室需要营造一个轻松温暖的休息环境，装饰简洁和谐比较利于人的睡眠，所以饰品不宜过多。除了装饰画、花艺，点缀一些首饰盒、小工艺品摆件就能让空间提升氛围。也可在床头柜上放一组照片配合花艺、台灯，能让卧室倍添温馨。

▲ 卧室床头柜上的摆件不宜过多，避免影响睡眠氛围

▲ 卧室五斗柜上也是展示精美摆件的绝佳位置

3. 餐厅工艺品摆件布置

餐厅工艺品摆件的主要功能是烘托就餐氛围。餐桌、餐边柜甚至墙面搁板上都是摆设饰品的好去处。花器、烛台、仿真盆栽以及一些创意铁艺小酒架等都是不错的搭配。餐厅中的软装工艺品摆件成组摆放时，可以考虑采用照相式的构图方式或者与空间中局部硬装形式感接近的方式，从而产生递进式的层次效果。

▲ 餐边柜上的摆件应配合营造就餐氛围

4. 书房工艺品摆件布置

书房的空间以安静轻松的格调为主，所以工艺品摆件的颜色不宜太亮、造型避免太怪异，以免给进入该区域的人造成压抑感。现代风格书房在选择软装工艺品摆件时，要求少而精，适当搭配灯光效果更佳；新古典风格书房中可以选择金属书挡、不锈钢烛台等摆件。书房同时也是一个收藏区域，如果工艺品摆件以收藏品为主也是一个不错的方法。具体可以选择有文化内涵或贵重的收藏品作为重点装饰，与书籍、个人喜欢的小饰品搭配摆放，按层次排列，整体以简洁为主。

▲ 注重品位的书房空间可选择收藏品与书籍一起摆设

5. 玄关工艺品摆件布置

玄关的装饰是整个空间设计的浓缩，饰品宜简宜精，把工艺品摆件与花艺搭配，打造一个主题，是常用的和谐之选。例如在中式风格中，花艺加鸟形饰品组成花鸟主题，让人感受鸟语花香、自然清新的气氛。此外，玄关的工艺品摆件数量不能太多，一两个高低错落摆放，形成三角构图，最显别致巧妙。

▲ 玄关工艺品摆件宜高低错落布置

6. 过道工艺品摆件布置

过道上除了挂装饰画，也可以增加一些工艺品摆件提升装饰感，数量不用太多，以免引起视觉混乱。工艺品摆件颜色、材质的选择跟家具、装饰画相呼应，造型以简单大方为佳。因为过道是经常活动的地方，所以工艺品摆件的摆放位置要注意安全稳定，并且注意避免阻挡空间的活动线。

▲ 过道上对称布置的摆件给人平衡的视觉感受，并且较好利用了建筑空间的死角

7. 楼梯口工艺品摆件布置

楼梯口的装饰容易被忽略，这里加上一组柜子或几个工艺品摆件，会使整个空间的装饰感得以延续，通过楼梯口的过渡，为即将看到的空间预留惊喜。通常，楼梯口适合大而简洁的组合性装饰，简约自然的线条不会过多地消耗人的视觉而引起长时间的停留。如一组大小不一的落地陶罐组合搭配干枝造型的装饰，古朴又有意境，不张扬不做作，凸显居住者的品位。

▲ 楼梯口处摆设柜子配合落地花器，较好地利用了角落空间

8. 厨房工艺品摆件布置

厨房在家庭生活中起着重要的作用，选择工艺品摆件时尽量照顾到实用性，要考虑在美观基础上的清洁问题，还要尽量考虑防火和防潮。玻璃、陶瓷一类的工艺品摆件是首选，容易生锈的金属类摆件尽量少选。此外，厨房中许多形状不一，采用草编或是木制的小垫子，如果设计得好，也会是很好的装饰物。

▲ 厨房中适合布置陶瓷、玻璃材质等不易受油烟影响的工艺品摆件

▲ 小面积厨房中可利用墙面搁板陈设各类工艺品摆件

9. 卫浴间工艺品摆件布置

卫浴间中的水气和潮气很多，所以通常选择陶瓷和树脂材质的工艺品摆件。这装饰品即使颜色再鲜艳，在卫浴间也不会因为受潮而褪色变形，而且清洁起来也很方便。除了一些装饰性的花器、梳妆镜之外，比较常见的是的洗漱套件，既具有美观出彩的设计，同时还可以满足收纳所需。

▲ 洗漱套件是卫浴间最常见的摆件之一

▲ 浴缸一侧的窗台上布置数量较多的工艺品摆件，给沐浴带来好心情

○○○ 第四节

软装摆件布置实战案例

Ornaments

特邀软装专家

赵芳节

国内著名设计师，中国建筑装饰协会注册高级室内建筑师，中国室内设计联盟特约专家讲师，中国建筑装饰协会中装教育特聘专家，中国国际室内设计联合会会员，多家杂志与软装图书特约点评嘉宾。沉迷于中式传统文化，擅长禅意东方风格、新中式风格的软装设计。

◎ 禅意氛围的营造

对称在中式设计中是最常见的形式，可以用软装摆件来打破这种呆板，展现不一样的视觉感受。整体色调深沉大气。电视左侧用一株非常禅意的盆景来柔化空间的直线条，绿色的树叶本身就是最好的装饰，右侧为了平衡视觉同样采用了较高的花器随意插了几只松树枝。红色的收纳漆盒丰富空间的色彩同时又不显突兀。几本古书、一件瓷器足可以诠释出居住者的品位与格调。

◎ 雀替摆件的新中式气质

青白色做旧的新中式端景柜，两侧是鸟笼和水桶插花两种非常质朴的传统元素。视觉正中心采用了传统民居的建筑构件——雀替作为装饰摆件，突出了新中式的气质。两个釉上彩的仕女图收纳罐错落摆放，正好补齐了雀替摆件的缺角部分，形成了一组长方形景观。

◎ 三角形构图的摆件布置

放射状的太阳图腾装饰镜和墙面同色，成为视觉焦点。两侧的蓝灰色台灯和端景柜色彩相呼应关联。中间的蓝色玻璃花器同灯罩围绕着在太阳周围，似乎诉说着千古不变的真理。不同纯度的蓝色搭配让空间产生了视觉差，黄色的玫瑰花同冷色形成对比， 温暖了画面。

◎ 左右对称的仪式感

墙面中间的老玉玉璧是古代的一种礼器，既有复古的装饰效果，同时具有镇宅辟邪的寓意和作用。左右两边则是男女陶俑的宫灯，充满了对称的仪式感。紫色和玫红色是象征高贵和神秘的色彩，在这里出现的作用是让空间色彩不至于过于呆板。

◎ 中西结合的装饰艺术

本案是东西方文化交融所产生的一种混搭风格，可以看到一些似曾相识的元素用不一样的方式展示出来。孔雀蓝的台灯和手绘的壁画遥相呼应，形成了一幅立体的画面。一个果盘、几瓶洋酒随意地摆放，类似于艺术装置的造型镜面华丽张扬，唯有灰色的中式端景柜安安静静地摆放在这里。

◎ 清混结合的新中式斗柜

一款中西合璧的新中式端景斗柜，清混结合的漆面给人非常新颖的视觉感观。在摆件布置上，设计师精心挑选了一对白色的石狮子台灯，既有传统的仪式感又不乏生动活泼；两个咖色的灯罩和深色的柜体相互映衬，端庄大气；中间一束黄玫瑰西式插花好像绣球一般灵动了整个氛围。

◎ 色彩化解风格的差异感

现代美式的空间摆设了一个新中式的柜子，却用色彩巧妙地化解了风格上的不同带来的差异感。湖蓝色的烛台对称摆放，色彩却跳出了背景，非常醒目。中间采用了白色的生命树艺术干枝作为主摆件，对后面的装饰挂画形成了障景。边上的黄色小花活跃了氛围，有效打破了对称带来的呆板感觉。

◎ 留白的艺术效果

当代的实物装置艺术画充满了丰富的肌理和诗意的画面，具有中式禅境的太湖石假山盆景优雅而孤独地矗立在那里，仿佛若有所思，和背景相得益彰，形成了远近景的对比。左侧花架上一个加高的葫芦摆件仙风道骨般地正视着前方，似乎与对面的剑客神交已久。

◎ 高低错落的美感

边几与饰品的搭配错落有致，白色的台灯主体和背景石膏线条相互映衬，并不是孤立的存在。台灯和粉色花艺高低错落形成了自然的美感。深色的铁艺托盘和浅咖色的台灯灯罩给画面加入了重色，形成了较为稳重的联系点，加上背景的画框，正好形成了品字形的构图方式。

◎ 充满精致感的简欧摆件

轻古典的简约欧式风格，摒弃了传统欧式的华丽复杂。软装摆件色彩以黑白灰作为底色，金属银色的穿插提升了精致感。黑色的灯罩则让空间多了一些体积感，让视觉多了一个停留点。粉红色的插花和椅子靠背呼应穿插，为空间平添了几分浪漫与活泼。

◎ 休闲惬意的用餐场景

餐垫采用了编制类型的材质，和藤编沙发共同营造出一种休闲舒适的氛围。餐碟和花器则采用了东方传统的青花瓷，色彩清新并且富有内涵。餐巾采用了田园特色的格子布，桌面的花艺采用了大面积的绣球装饰，突出了热情与丰盈的特色。

◎ 小清新的现代美式妆台端景

两侧对称的复古装饰台灯给人一种平衡的美感。画面中间的野草插花使空间多了几分野趣，同时也和墙上的装饰画联系了起来。旁边的小玻璃器皿中插上几朵小花，则稍稍打破了这种对称构图的严肃性。深色的凳子腿降低了视觉中心，让画面有一定的落地感。

◎ 精致的新中式餐桌场景

类似年轮一般的编制餐垫以及镀金边的玻璃高脚杯体现出细腻的奢华感。咖色的餐巾用玉佩一般的绑绳束扎起来，既有东方的情怀，又充满了西式的仪式感。淡墨色彩的咖啡杯碟给人一种优雅的中式情怀及感受。餐桌中间采用了硕大的湖蓝色花器，采用西式的手法，分两层插满了蓝色和奶黄色的花，使整个空间看起来绿意盎然。

◎ 暖色摆件填充偏冷色调的空间

灰绿色的背景下，用暖色的饰品摆件来强调空间感，明显地起到了点缀的作用。大卫的头像摆件在中间，左右各一个瓷器花瓶式台灯将视平线做得很满，收纳果盘将视觉中心适当拉低，打破了呆板的画面。桌面上的西式玫瑰花插花丰满而富有诗意，为空间增加了远近对比。

◎ 由高到低的摆件陈设富于联想

深色的新中式斗柜给了空间一个比较沉稳的基础，鸟语花香的主题壁纸灵动了空间。装饰摆件从右往左是一个由高往低的效果，就好像一座山的形状能让人产生自然的联想。湖蓝色的台灯和将军罐则作为大面积的色块缓缓向左延伸。左侧则通过艺术插花将玫红色缓缓向右延伸形成了色彩的交叉点，有效地活跃了呆板的色彩感受。明黄色的书本作为连接两个色彩的纽带，使其不那么单一生硬，并且很好地强调了视觉中心点。

◎ 流露粗犷气息的异域风情

原木质感和披刮纹墙面处处透露出粗犷与原始气息。柜体的五金件是做旧金箔的效果，透露出低调的贵气。视觉中心处摆放了一块漆金中式花格的装饰镜面，给空间增加了风格元素，体现了混搭的魅力。一款花瓣形式的灯具点缀在边框上，透露出细腻精致的美感。左侧一款东南亚风格的菩提叶瓷器摆件强调了设计师想要表达的异域风情。右侧的两个金箔人形雕塑平衡了视觉，形成了稳定的构图画面。中间几本同色系装饰书的摆放强调了景深感。

◎ 非对称形式的中式风格摆设

传统中式的构图形式大多以对称形式为主，在这里，设计师没有采取传统意义上的绝对对称，而是采用了平衡对称的手法来取景构图，用体积相当却轮廓不同的装饰品来调节那种绝对对称带来的庄严感受，让空间多了一丝灵动少了一分严肃。整个构图呈现一种金字塔式的三角形构图，稳重而大气。色彩上穿插了青花蓝作为了一条贯穿空间的色彩主线。东南亚佛头元素的融入，一块编织地毯、一本翻开的杂志、一束西式的插花，仿佛一种跨越地域的对话，本不相关的一些配饰放在这里，却碰撞出了新中式风格独特的魅力。

◎ 利用摆件调节空间色彩

墙壁的书架陈设采用了阵列的方式，给人一种整齐干净的感觉。从下到上书本的色彩顺序依次从深到浅，从暖到冷，与色相环的色彩渐变关系相同。书本间放置的小装饰品丰富了书架的细节，不至于呆板乏味。桌子上的多肉植物和书架上的绿植关联，呈现出视觉的延伸。

◎ 自然舒适的北欧风格休闲区

在大面积的蓝色背景映衬下，设计师采用了原木色的搁板与家具的色彩相呼应，使画面有了轮廓构架感。蓝色的抱枕和搭巾随意地摆放，本身体现的就是一种闲适的态度。搁板上的饰品在蓝色背景的映衬下很好地凸显了饰品自身。鹿角、原木截块、多肉植物等材质无一不体现自然气息。

◎ 烟雨江南的装饰意境

一幅朦胧的烟雨江南画面映入眼帘，两侧摆放着绚丽彩绘的将军罐的台灯，让空间展示出春意盎然的姿态。新中式的几案下随意放置两个鸟笼，即使没有鸟，也将画面的鸟语花香体现得淋漓尽致。中间是苗族的银质项圈装饰摆件，似乎暗示着主人想要诉说的某段故事。

鸣谢

软装设计的内容繁多，涉及面广，具体包含色彩、家具、灯饰、摆件、壁饰、布艺等多个专业，一本真正意义上的软装设计图书需要汇集不同细分领域的专家的集体智慧进行打造。本书邀请以下7位国内知名软装设计师作为专家顾问，合力奉献一本经典软装图书。

徐开明

软装色彩专家顾问

曾就读于中国美院，6年平面设计师工作经验，8年软装设计师工作经验，是国内第一批专业从事软装设计工作的先行者。具有较高的审美意识和艺术鉴赏力，熟悉软装艺术的历史风格，精通软装设计流程与方案设计。

在浙江、江苏等地主持过多家知名房地产企业的样板间软装搭配，并应邀赴国内多家软装培训机构讲学。

刘方达

软装色彩专家顾问

曾就读于西安美术学院环艺设计系，毕业作品被西安美院博物馆永久收藏。中国装饰协会注册室内高级建筑师，中国室内设计联盟特聘专家讲师，腾讯课堂认证机构讲师，曾受邀为多本软装教材解析色彩设计方案。

曾出任上市公司——深圳奇信建设集团西北大区设计总监，擅长色彩搭配与软装方案设计，精通室内手绘，具有较高的美术功底与色彩审美修养，经常为高端别墅客户与商业地产客户提供软装设计服务。

王拓

软装家具陈设章节
特邀专家顾问

曾经就读于鲁迅美术学院环艺系及东北师范大学美术学院；菲莫斯软装集团联合创始人、设计总监及教学总监；博菲特软装设计公司设计总监；国际建筑装饰协会资深理事；香港美术家协会陈设委员会主任；2016年、2017年中国室内设计年度杰出人物奖；从业15年，擅长传统文化与室内设计的结合，致力于室内设计人才之培养，独创了设计教育的新方法。

蔡鹤群

软装灯饰照明章节
特邀专家顾问

近十年室内设计工作经验，其中有五年地产样板房和会所软装设计经验。中国建筑学会室内设计分会会员。 提倡要将空间、功能和人文三者相结合的设计理念。热爱生活，享受设计。擅长美式、现代、欧式等设计风格。

李萍

软装壁饰布置章节
特邀专家顾问

南京兆石室内设计总监，从事室内设计十四年间，专注住宅设计，反对造型和材质堆砌，注重整体空间融入多元的文化，专注于空间个性化设计定制，打造富有格调的环境。

从事这个行业越长，越发喜爱设计，喜欢这行业带给人不断的成长和激情。没有设计的空间是堆砌，没有艺术的设计是生产。

黄涵

软装布艺搭配章节
特邀专家顾问

CBDA高级室内设计师，CBDA高级陈设设计师，菲莫斯软装培训机构高级讲师，深圳天锐软装设计公司设计总监，北京锦帛川软装设计公司设计顾问，澳门国际设计联合会副秘书长，中国流行色协会会员。从业十二年，主要设计方向为房地产售楼处和样板房、酒店、会所以及高端私宅的软装设计。主要课题方向为软装布艺与软装色彩，在国内开展多场专题讲座，得到业界高度评价。

赵芳节

软装摆件布置章节
特邀专家顾问

国内著名设计师，中国建筑装饰协会注册高级室内建筑师，中国室内设计联盟特约专家讲师，中国建筑装饰协会中装教育特聘专家，中国国际室内设计联合会会员，多家杂志与软装图书特约点评嘉宾。沉迷于中式传统文化，擅长禅意东方风格、新中式风格的软装设计。